0 ゼロからはじめる SOLIDWORKS

Series 1 ソリッドモデリング STEP2

株式会社オズクリエイション 著

電気書院

はじめに

本書は、3 次元 CAD SOLIDWORKS 用の習得用テキストです。
これから 3 次元 CAD をはじめる機械設計者、教育機関関係者、学生の方を対象にしています。

【本書で学べること】

◆ ソリッドモデリングによる部品作成
◆ 効率的なモデリング手法

等を学んでいただき、SOLIDWORKS を効果的に活用する技能を習得していただけます。
本書では、SOLIDWORKS をうまく使いこなせることを柱として、基本的なテクニックを習得することに重点を置いています。

【本書の特徴】

◆ 本書は操作手順を中心に構成されています。
◆ 視覚的にわかりやすいように SOLIDWORKS の画像や図解、吹き出し等で操作手順を説明しています。
◆ 本書で使用している画面は、SOLIDWORKS2019 を使用する場合に表示されるものです。

【前提条件】

◆ 基礎的な機械製図の知識を有していること。
◆ Windows の基本操作ができること。
◆ 「**ゼロからはじめる SOLIDWORKS Series1 ソリッドモデリング入門／STEP1**」を習熟していること。

【寸法について】

◆ 図面の投影図、寸法、記号などは本書の目的に沿って作成しています。
◆ JIS 機械製図規格に従って作成しています。

【事前準備】

◆ 専用 WEB サイトより CAD データをダウンロードしてください。
◆ SOLIDWORKS がインストールされているパソコンを用意してください。

⚠ 本書には、3 次元 CAD SOLIDWORKS のインストーラおよびライセンスは付属しておりません。

本書は、SOLIDWORKS を使用した 3D CAD 入門書です。

本書の一部または全部を著者の書面による許可なく複写・複製することは、その形態を問わず禁じます。

間違いがないよう注意して作成しましたが、万一間違いを発見されました場合は、

ご容赦いただきますと同時に、ご連絡くださいますようお願いいたします。

内容は予告なく変更することがあります。

本書に関する連絡先は以下のとおりです。

株式会社オズクリエイション

（Technology＋Dream＋Future）Creation＝O's Creation

〒115-0042　東京都北区志茂 1-34-20 日看ビル 3F

TEL：03-6454-4068　FAX：03-6454-4078

メールアドレス：info@osc-inc.co.jp

URL：http://osc-inc.co.jp/

目　次

本書の特徴

SOLIDWORKS および SOLIDWORKS に関連する操作は、すべて本書に示す手順に従って行ってください。

下図のように操作する順番は ① クリック のように吹き出しで指示されています。

はマウスの操作を意味しており、クリック、ドラッグ、ダブルクリックなどがあります。

はキーボードによる入力操作を意味しています。

オフセットして押し出し

矩形輪郭をスケッチ平面からオフセットした位置から押し出します。

1. Feature Manager デザインツリーから《正面》を クリックし、**コンテキストツールバー**より [**スケッチ**] を クリック。

2. [**アイテムに鉛直**] (CTRL + 8ゆ) にて《**正面**》を正面に向けます。

3. Command Manager または**ショートカットツールバー**より [**矩形中心**] を クリックし、下図に示す位置に**長方形**を作成します。

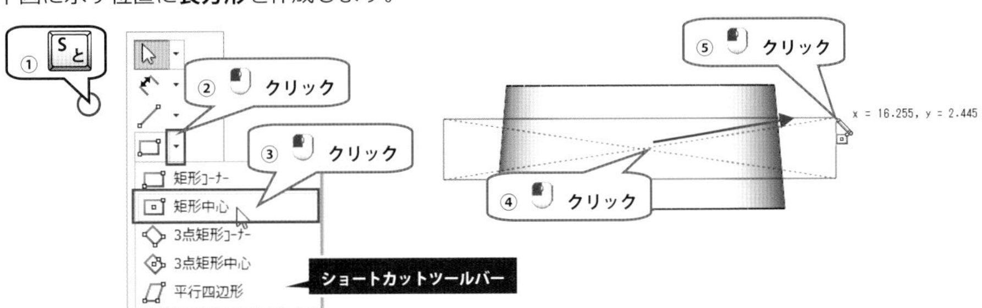

4. Command Manager または**ショートカットツールバー**より [**スマート寸法**] を クリックし、下図に示す**長さ寸法**と**距離寸法**を**記入**します。

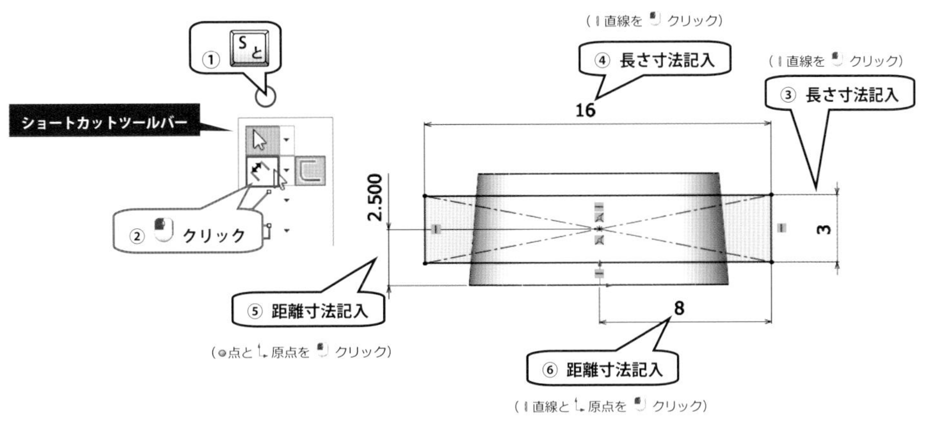

本書で使用するアイコン、表記

本書では、下表で示すアイコン、表記で操作方法などを説明します。

アイコン、表記	説 明
POINT	覚えておくと便利なこと、説明の補足事項を詳しく説明しています。
⚠	操作する上で注意していただきたいことを説明します。
参照	関連する項目の参照ページを示します。
×2	マウスの左ボタンに関するアイコンです。 はクリック、×2 はダブルクリック、はゆっくり 2 回クリック、 はドラッグ、はドラッグ状態からのドロップです。
	マウスの右ボタンに関するアイコンです。 は右クリック、は右ドラッグです
×2	マウスの中ボタンに関するアイコンです。 は中クリック、×2 はダブルクリック、は中ドラッグです。 はマウスホイールの回転です。
ENTER CTRL SHIFT ↑ F1 1 1ぬ	キーボードキーのアイコンです。指定されたキーを押します。
SOLIDWORKS は、フランスの……	重要な言葉や文字は太字で表記します。
［**ファイル**］＞ ［**開く**］を選択して……	アイコンに続いてコマンド名を［ ］に閉じて太字で表記します。 メニューバーのメニュー名も同様に表記します。
｛ **Chapter 1**｝にある……	フォルダーとファイルは｛ ｝に閉じてアイコンと共に表記します。 ファイルの種類によりアイコンは異なります。
『**ようこそ**』ダイアログが表示され……	ダイアログは『 』に閉じて太字で表記します。
【**フィーチャー**】タブを クリック……	タブ名は【 】に閉じて太字で表記します。
《 **正面**》を クリック……	ツリーアイテム名は《 》に閉じ、アイコンに続いて太字で表記します。
「**距離**」には<1 0>と 入力……	数値は<1 0>に閉じてキーアイコンまたは太字で表記します。
「**押し出し状態**」より［**ブラインド**］を……	パラメータ名、項目名は「 」に閉じて太字で表記します。 リストボックスから選択するオプションは［ ］に閉じて太字で表記します。

SOLIDWORKS データのダウンロード

本書で使用する CAD データを下記の手順にてダウンロードしてください。

1. ブラウザにて WEB サイト「http://www.osc-inc.co.jp/Zero_SW1/DL.html」へアクセスします。

2. **ユーザー名**<osuser> と**パスワード**<M4jq5h3e> を入力し、 ログイン を クリック。

   （※ブラウザにより表示されるウィンドウが異なります。下図は Google Chrome でアクセスしたときに表示されるウィンドウです。）

   ログイン
   http://www.osc-inc.co.jp
   このサイトへの接続ではプライバシーが保護されません
   ユーザー名 osuser ① 入力
   パスワード ••••••••• ② 入力
   ログイン ③ クリック

3. ダウンロード専用ページを表示します。
   画面をスクロールして「**ゼロからはじめる SOLIDWORKS Series1 ソリッドモデリング STEP2**」を表示します。
   ダウンロードする SOLIDWORKS のバージョンの を クリックすると、
   本書で使用するファイル｛ **Series1-step2.ZIP**｝がダウンロードされます。

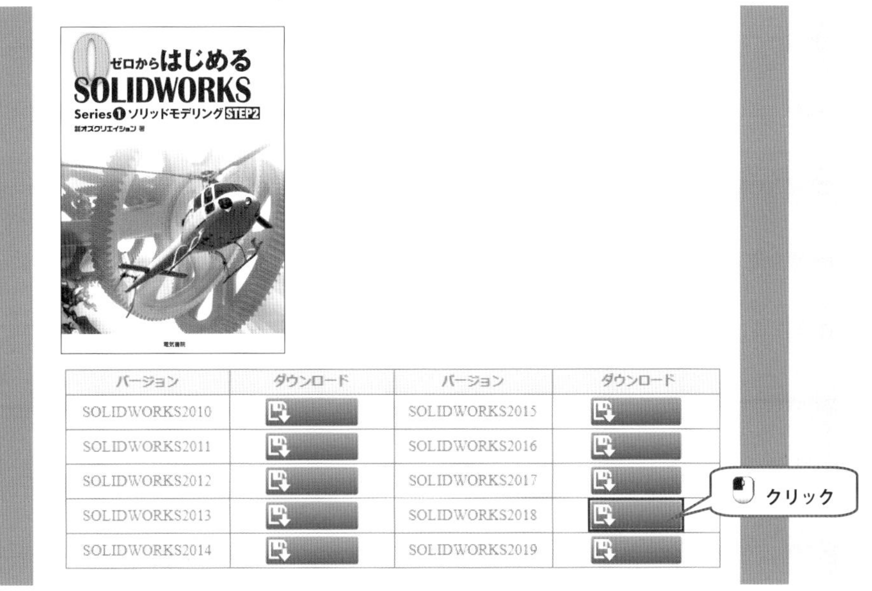

4. ダウンロードファイルは通常｛ **ダウンロード**｝フォルダーに保存されます。
   圧縮ファイル｛ **Series1-step2.ZIP**｝は**解凍**して使用してください。

Chapter9

ソリッドモデリング（3）

ヘリコプターのパーツ｛メインローター｝｛テールブーム｝｛テールローター｝を作成しながら下記の機能の理解を深めます。

押し出しフィーチャー

- 抜き勾配オプション
- オフセットして押し出し
- 反対側をカット

ロフトフィーチャー

- ロフト
- ロフトカット

オペレーションフィーチャー

- 面取り
- 可変サイズフィレット
- 曲率保持したフィレット
- フルラウンドフィレット

スケッチ

- 矩形中心
- 3 点矩形中心
- レイアウトスケッチ

参照ジオメトリ

- 参照平面

評価

- 曲率表示
- 正接エッジの表示設定

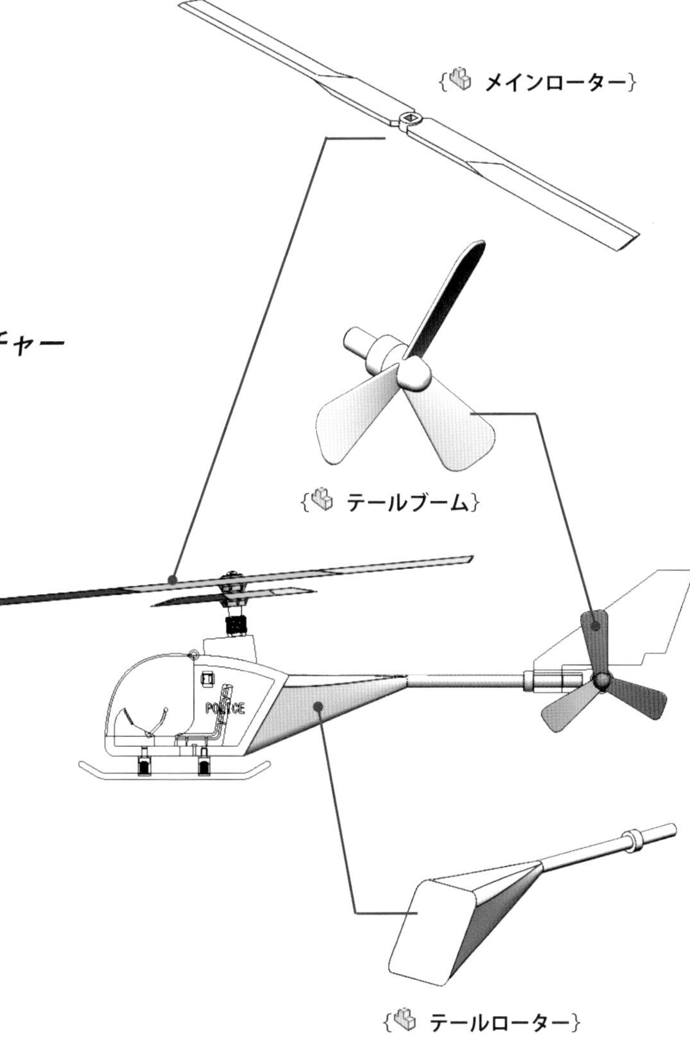

9.1 メインローターを作成する

ヘリコプターの構成部品｛ **メインローター**｝を新規部品として作成します。

9.1.1 準備

新規部品ドキュメントを作成し、名前を付けて保存します。

1. 部品は｛ **ヘリコプター**｝に保存します。作成していない場合は、任意の場所に作成します。

2. **標準ツールバー**の ［**新規**］を クリック。ショートカットは CTRL + Nみ。

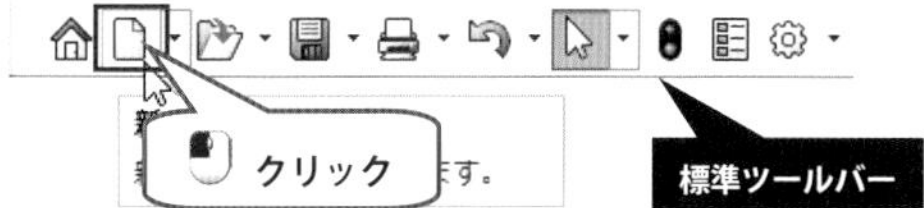

3. 『**新規 SOLIDWORKS ドキュメント**』ダイアログが表示されます。

ビギナー で ［**部品**］を クリックし、 OK を クリック。

『**ようこそ……**』ダイアログが表示されている場合は、「**新規**」の 部品 を クリック。

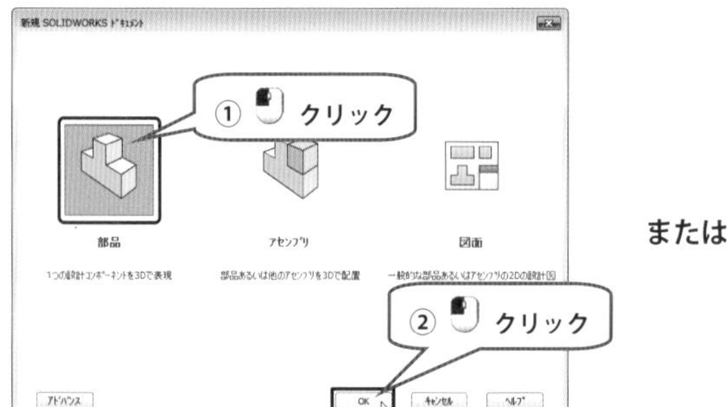

または

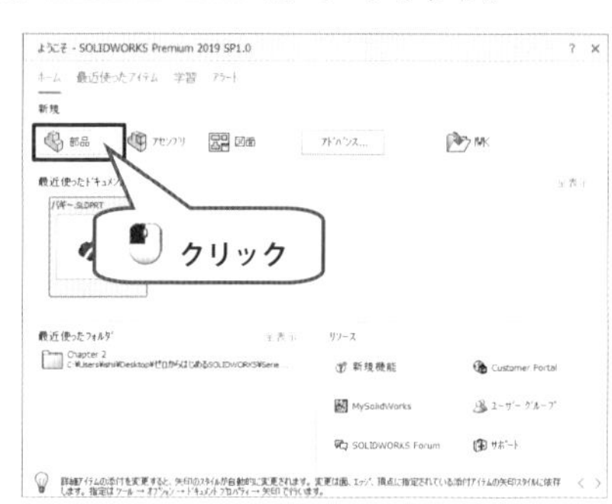

4. 画面右下の**ステータスバー**で**単位系**を［**MMGS**］に設定します。
現在の単位系を クリックし、表示されるリストから［**MMGS（mm、g、秒）**］を クリック。

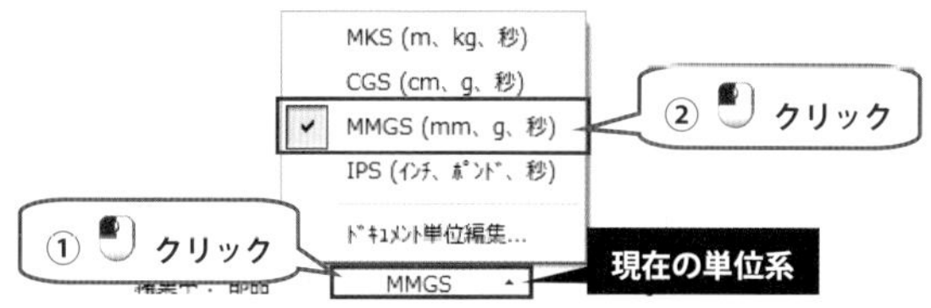

5. **標準ツールバー**の ［**保存**］を クリック。

6. 『**指定保存**』ダイアログが表示されます。
保存先フォルダーを｛ **ヘリコプター**｝にし、「**ファイル名**」に＜**メインローター**＞と 入力。
保存(S) を クリック。

9.1.2　*勾配付きボスの作成*

勾配の付いた円形のボスを作成します。［**押し出しボス／ベース**］の**抜き勾配オプション**を使用します。

1. Feature Manager デザインツリーから《**平面**》を クリックし、**コンテキストツールバー**より［**スケッチ**］を クリック。

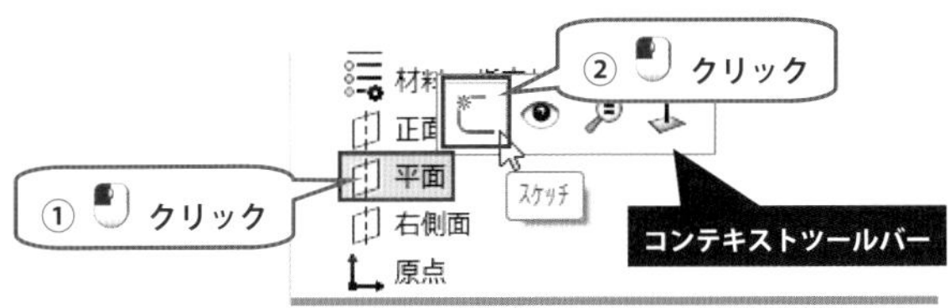

2. **原点**に**円**を作成します。
   Command Manager または**ショートカットツールバー**より［**円**］を クリック。
   原点を クリックし、**カーソルを外側に移動**すると○**円**が表示されるので クリックして大きさを確定します。**円**の**中心点**は**原点**に［**一致**］します。

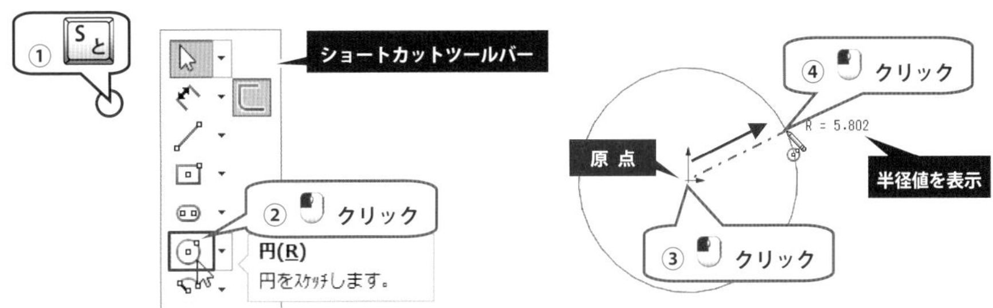

3. Command Manager または**ショートカットツールバー**より［**スマート寸法**］を クリック。
   ○**円**を クリックし、表示される**直径寸法**を配置位置で クリック。
   『**変更**』ダイアログが表示されるので <1 2 ENTER> と 入力。

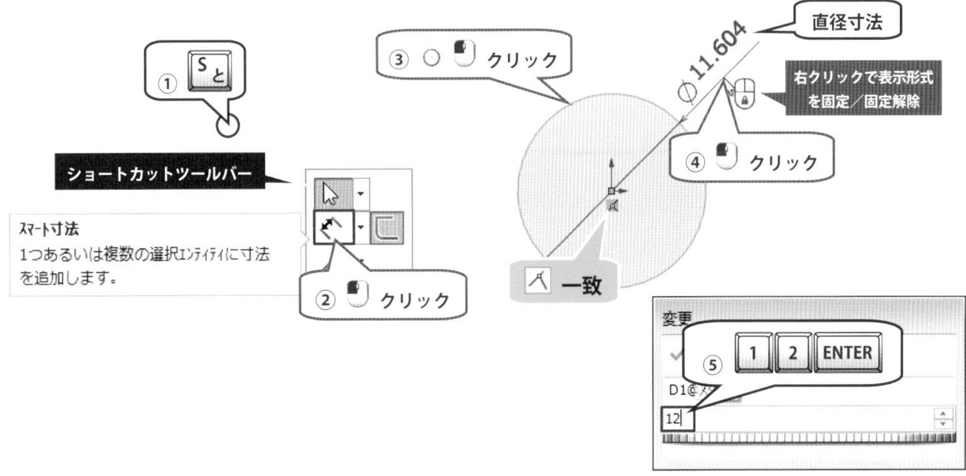

4. Command Manager【**フィーチャー**】タブより［**押し出しボス／ベース**］を クリック。

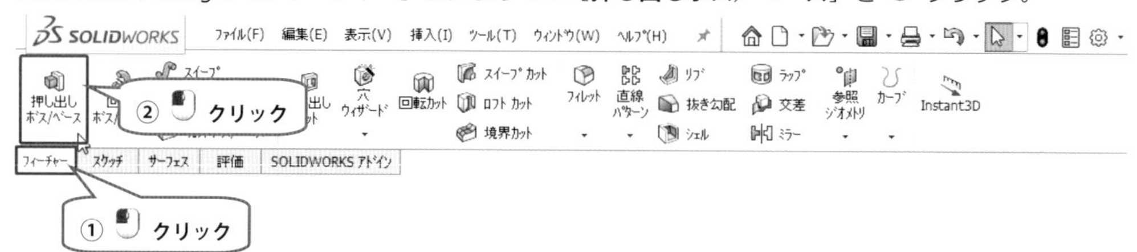

5. 「**押し出し状態**」より［**ブラインド**］を選択し、「**深さ／厚み**」に<5 ENTER>と入力。
プレビューを確認して［**OK**］ボタンを クリック。

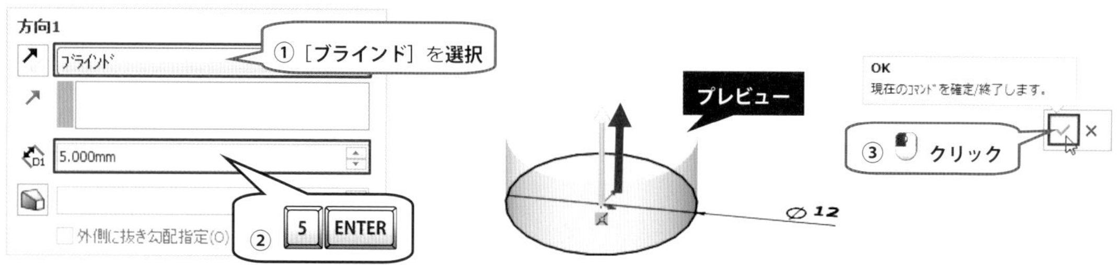

6. 押し出しフィーチャーに**勾配**を追加します。
［**抜き勾配オン／オフ**］を クリックし、「**抜き勾配角度**」に<5 ENTER>と入力。
「**外側へ抜き勾配指定**」をチェック ON（☑）すると、**勾配**が**外側**に変わることを確認します。
「**外側へ抜き勾配指定**」をチェック OFF（☐）にし、プレビューを確認して［**OK**］ボタンを クリック。

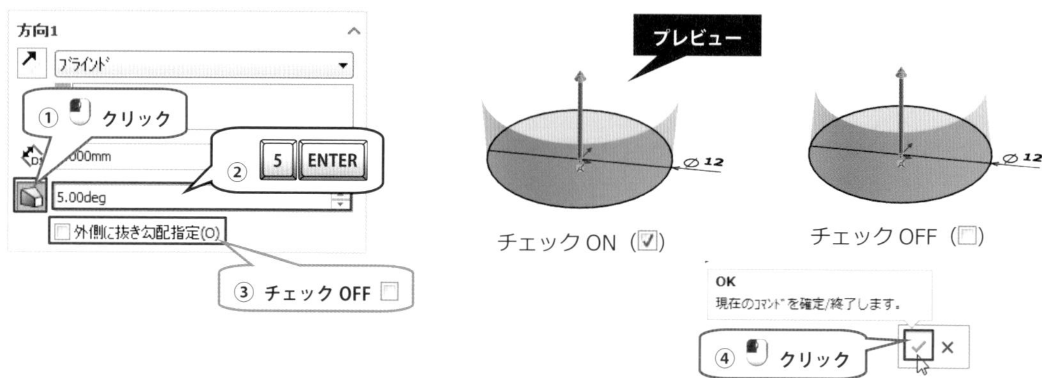

7. フィーチャーの名前を<**円柱ボス D12**>に**変更**します。

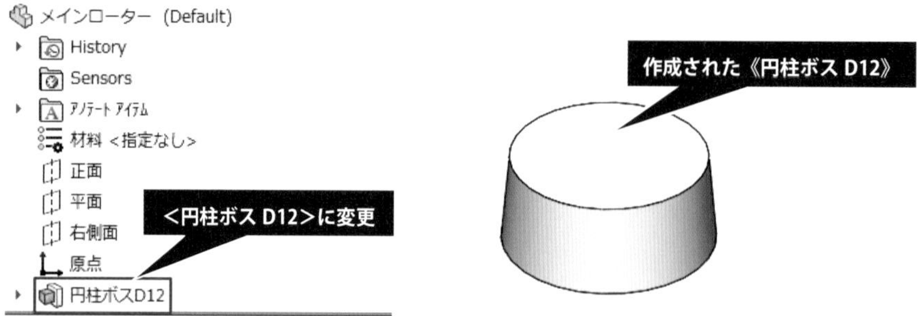

ツリーアイテムをゆっくり２回 クリック、または F2 を押すとフィーチャー名を編集できます。

9.1.3　角穴の作成（矩形中心）

中心位置を基準にして**矩形**を作成し、［**押し出しカット**］を使用して**貫通**の**穴**を作成します。

1. 下図に示す（青い面）を クリックし、**コンテキストツールバー**より［**スケッチ**］を クリック。

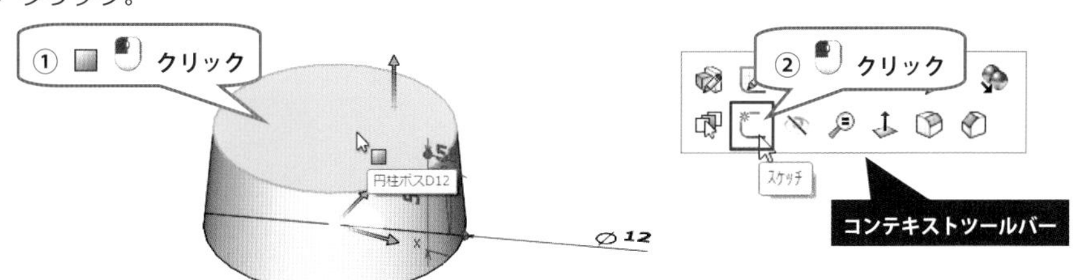

2. Command Manager【**スケッチ**】タブの［**矩形コーナー**］横の を クリックして**展開**し、［**矩形中心**］を クリック。
   または**ショートカットツールバー**より［**矩形中心**］を クリック。

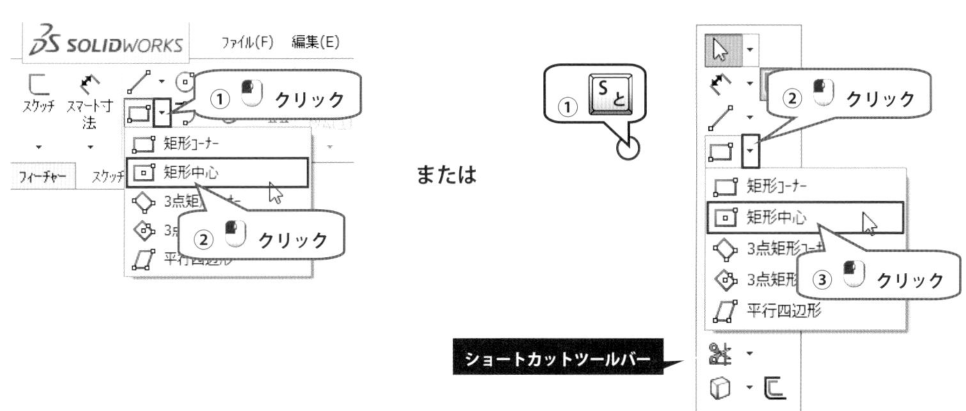

3. カーソルの形が に変わります。**矩形の中心点**となる**位置**（**原点**）を クリックし、カーソルを**外側**に移動して クリックして大きさを確定します。
   対角線に **作図線**が引かれ、［**一致拘束**］、［**水平拘束**］、［**鉛直拘束**］が自動的に追加されます。
   （※Property Manager で「**中点から**」を 選択すると、直線の中点から作図線を追加します。）

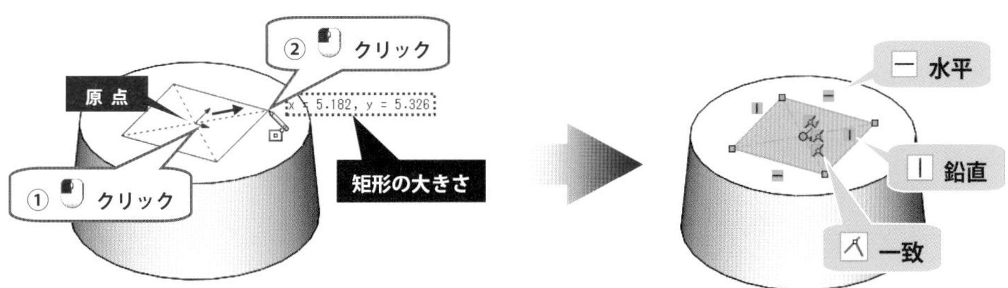

4. **水平線**と**垂直線**を**同じ長さ**にして**正方形**にします。

下図に示す２つの **直線**を クリック（２つ目は CTRL を押しながら クリック）し、**コンテキストツールバー**より ［**等しい値拘束**］を クリック。

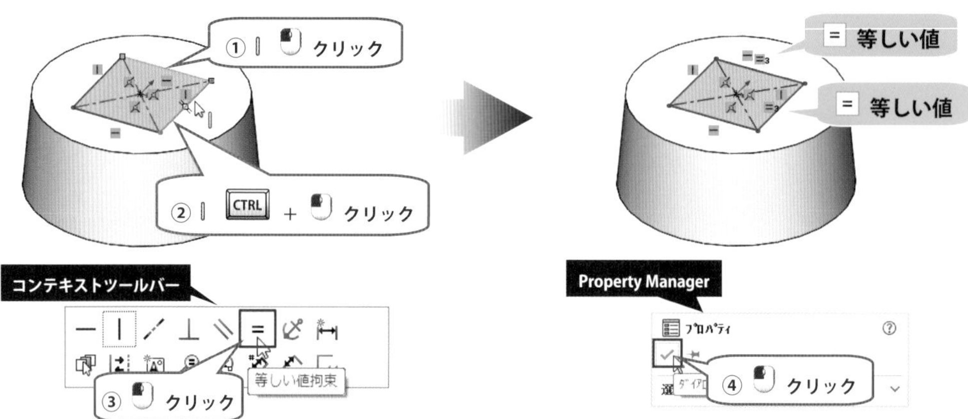

5. Command Manager または**ショートカットツールバー**より ［**スマート寸法**］を クリック。

任意の **直線**を クリックし、表示される**長さ寸法**を配置位置で クリック。

『**変更**』ダイアログが表示されるので ＜5 ENTER＞と 入力。

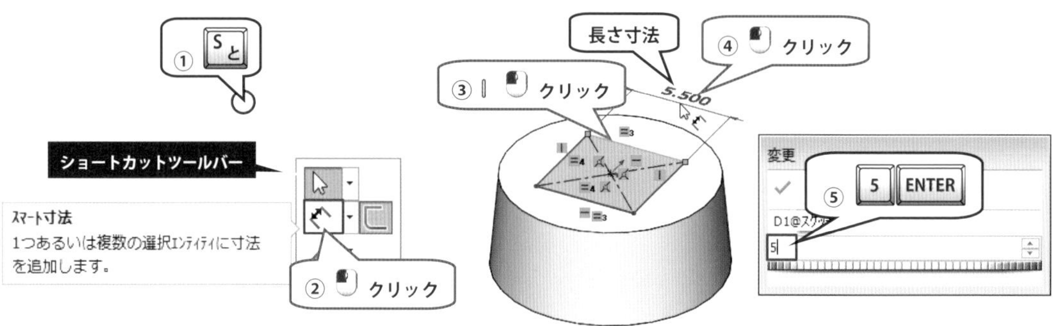

6. Command Manager【**フィーチャー**】タブの ［**押し出しカット**］を クリック。

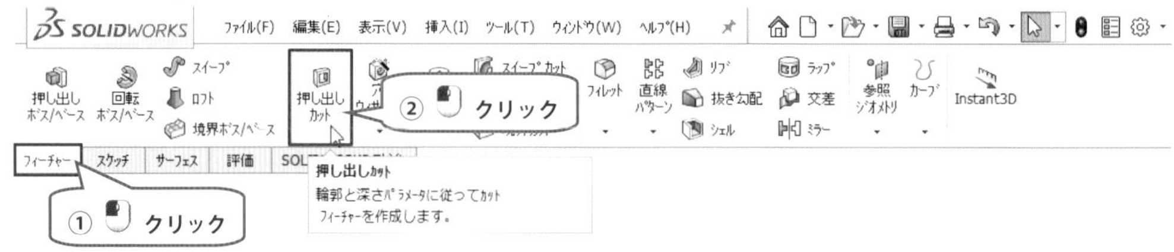

7. **円柱ボス**に**貫通**の**穴**をあけます。「**押し出し状態**」より［**全貫通**］を選択します。

プレビューを確認して ［**OK**］ボタンを クリック。

下図は表示 ［**表示スタイル**］を ［**隠線なし**］で表示しています。

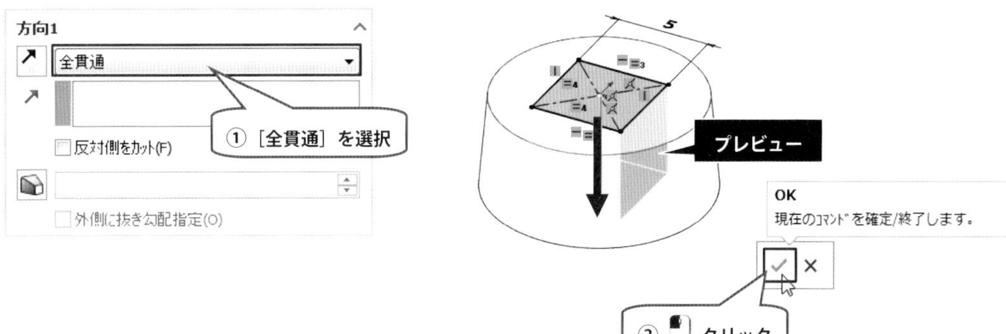

8. フィーチャーの名前を<**角穴**>に**変更**します。

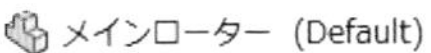

History
Sensors
ｱﾉﾃｰﾄ ｱｲﾃﾑ
ｿﾘｯﾄﾞ ﾎﾞﾃﾞｨ(1)
材料 <指定なし>
正面
平面
右側面
原点
円柱ボスD12
角穴
<角穴>に変更

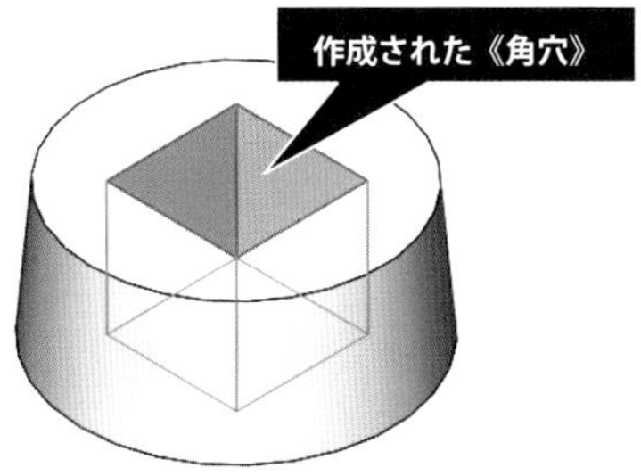

9. 角穴に面取りを追加します。

Command Manager【**フィーチャー**】タブより ［**フィレット**］下の を クリックして**展開**し、 ［**面取り**］を クリック。

または**ショートカットツールバー**の ［**フィレット**］横の を クリックして**展開**し、 ［**面取り**］を クリック。

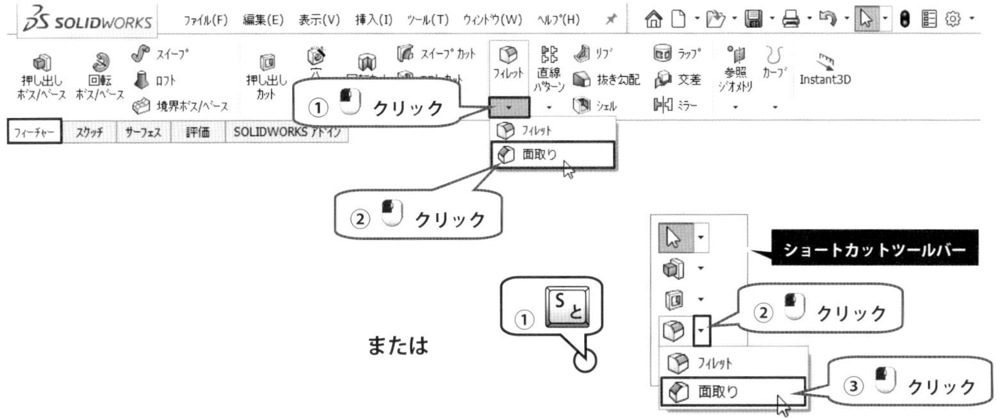

10. 「**面取りタイプ**」は［**角度 距離**］を クリック。

「**面取りパラメータ**」の「**距離**」に<0 . 3 ENTER>、「**角度**」に<4 5 ENTER>と入力。「**面取りするアイテム**」は下図に示す**4つの** **直線エッジ**（底面）を クリックして選択。プレビューを確認して［**OK**］ボタンを クリック。

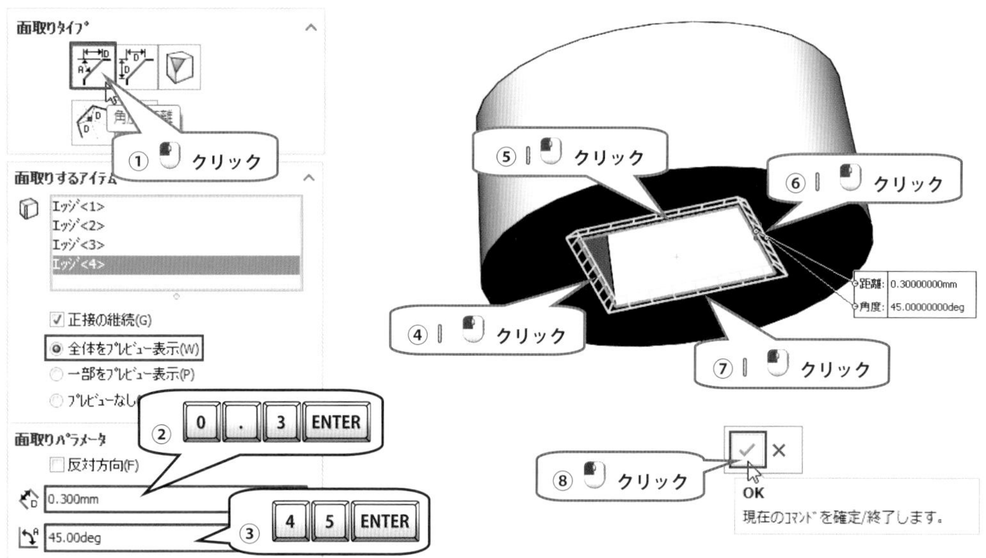

11. フィーチャーの名前を<**面取り C0.3**>に**変更**します。［**断面表示**］で形状を確認してみましょう。

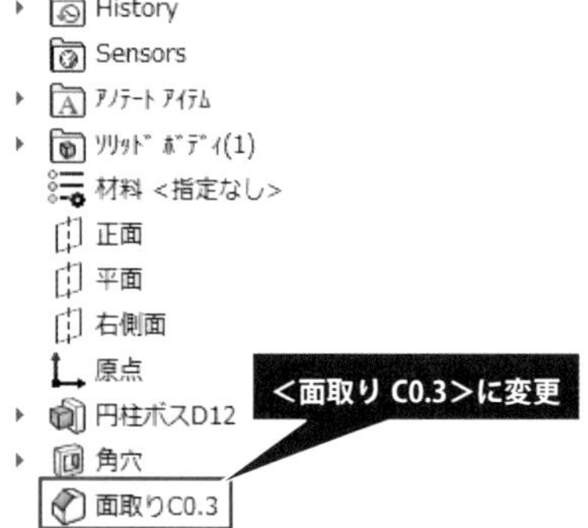

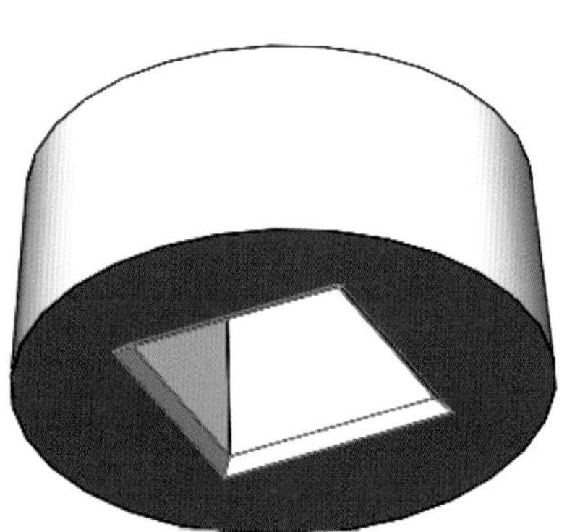

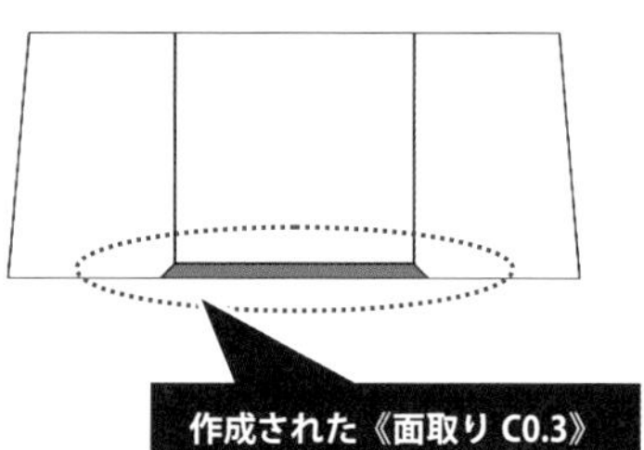

9.1.4　*新規フォルダーに追加*

作成したフィーチャーや参照平面などのツリーアイテムを**フォルダー**にまとめる方法について説明します。

1. Feature Manager デザインツリーより **フォルダー**にまとめるアイテムを選択します。

   Windows の標準操作である SHIFT を使用した**範囲選択**が可能です。

   《 **円柱ボス D12**》を クリックし、SHIFT を押しながら《 **面取り C0.3**》を クリック。

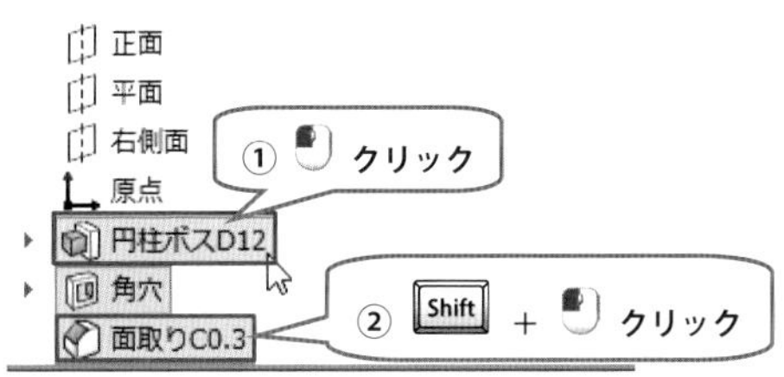

2. Feature Manager デザインツリーまたはグラフィックス領域の何もないところで 右クリックし、表示されるメニューより［**新規フォルダーに追加（H）**］を クリック。

   ＜**センターボス**＞と 入力し、ENTER を押します。

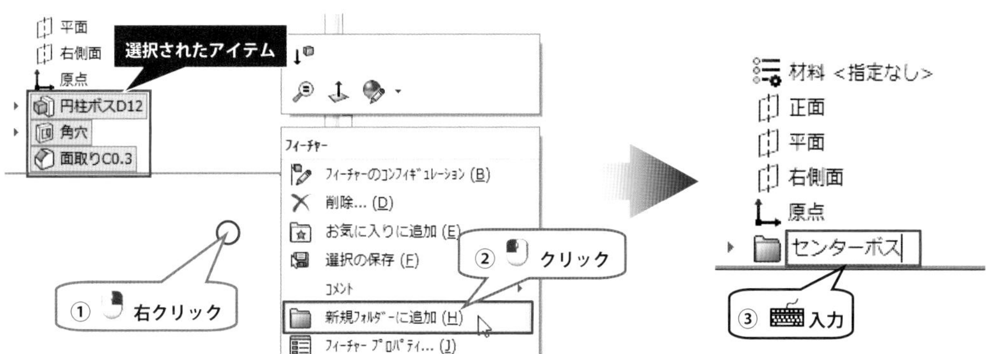

3. ｛**センターボス**｝の ▸ を クリックして**展開**し、《 **円柱ボス D12**》、《 **角穴**》、《**面取り C0.3**》が**収納**されていることを確認します。

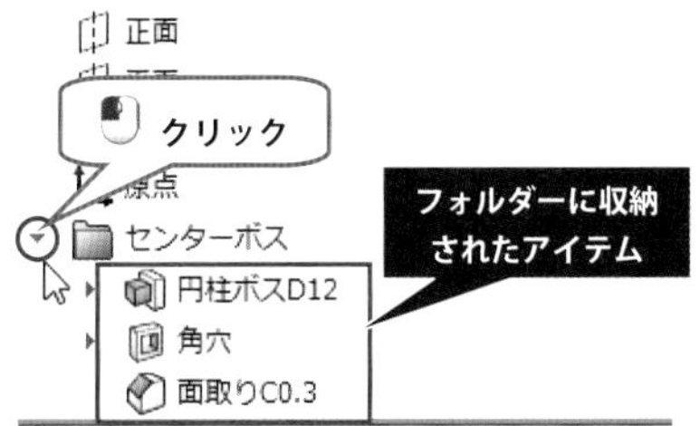

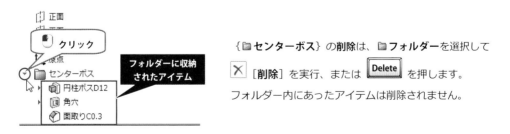

｛**センターボス**｝の**削除**は、**フォルダー**を選択して［**削除**］を実行、または Delete を押します。

フォルダー内にあったアイテムは削除されません。

9.1.5 ブレード板の作成

円筒ボスに**マージ**する**竹とんぼの羽のような形状**を作成します。

オフセットして押し出し

矩形輪郭をスケッチ平面からオフセットした位置から押し出します。

1. Feature Manager デザインツリーから《**正面**》を クリックし、**コンテキストツールバー**より [**スケッチ**] を クリック。

2. [**アイテムに鉛直**] (CTRL + 8ゆ) にて《**正面**》を正面に向けます。

3. Command Manager または**ショートカットツールバー**より [**矩形中心**] を クリックし、下図に示す位置に**長方形**を作成します。

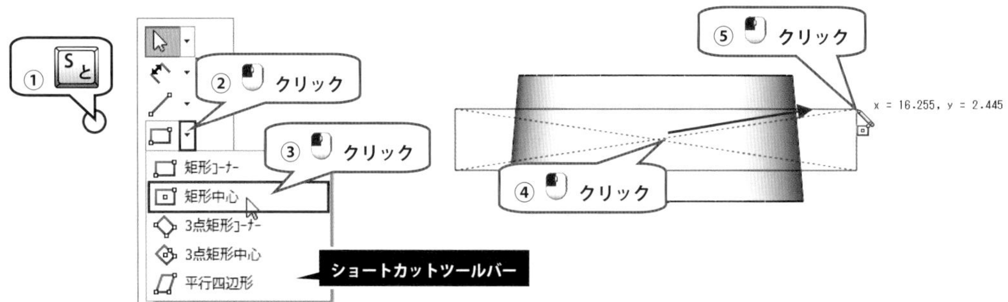

4. Command Manager または**ショートカットツールバー**より [**スマート寸法**] を クリックし、下図に示す**長さ寸法**と**距離寸法**を記入します。

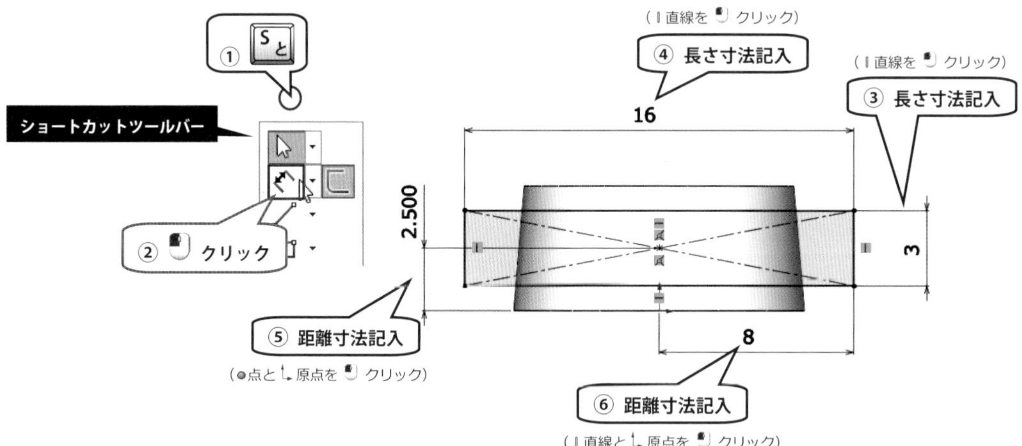

5. [**表示方向**] から [**等角投影**] を クリック。ショートカットは CTRL + 7や。

6. Command Manager【**フィーチャー**】タブの ［**押し出しボス／ベース**］を クリック。

7. スケッチ平面《**正面**》から**3mm オフセットした位置**から**距離指定**で押し出します。

「**次から**」より［**オフセット**］を選択し、**オフセット値**の**入力ボックス**に<3 ENTER>と入力。

「**深さ／厚み**」に<1 6 0 ENTER>と入力し、プレビューを確認して ［**OK**］ボタンを クリック。

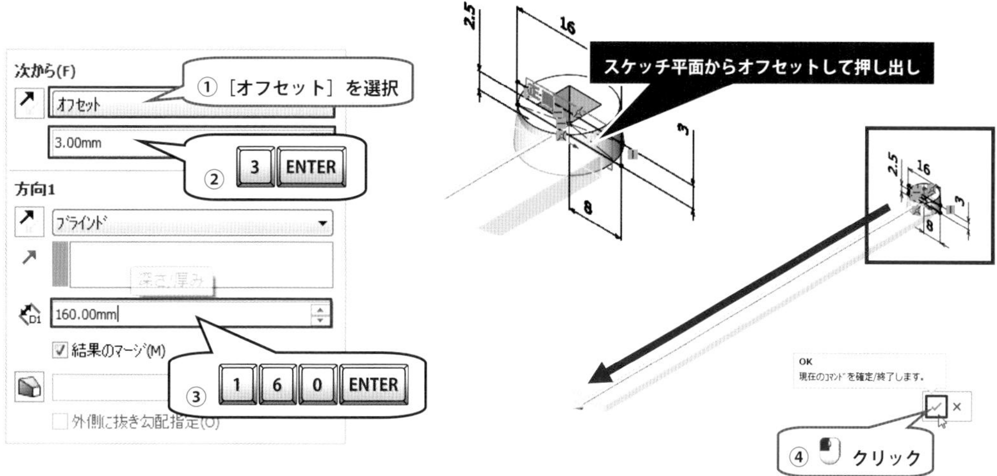

8. フィーチャーの名前を<**平板**>に**変更**します。

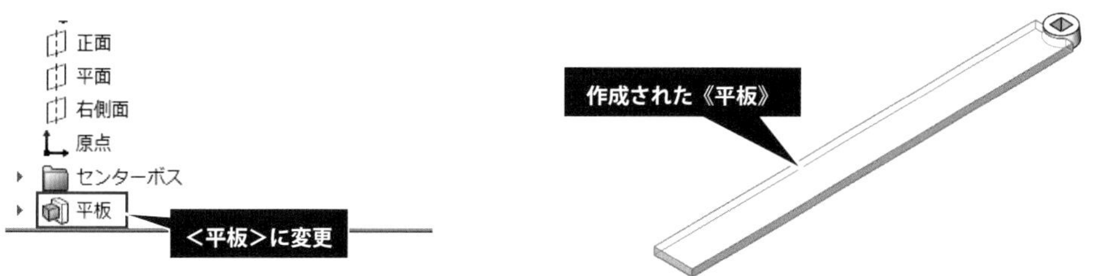

複数輪郭のカット

２つの閉じた輪郭を作成し、 ［**押し出しカット**］を使用して平板をカットします。

1. 下図に示す **面**を クリックし、**コンテキストツールバー**より ［**スケッチ**］を クリック。

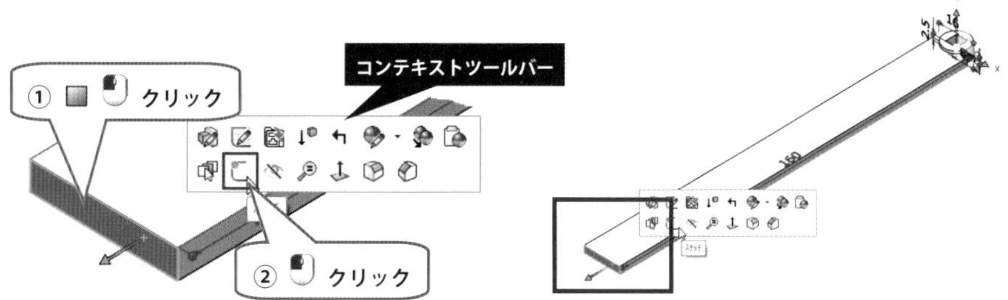

2. ［**アイテムに鉛直**］(CTRL + 8) にて選択した **面**を正面に向けます。

3. [**直線**] を使用して下図の示す位置に2つの**三角形**を作成します。

三角形の●**コーナー**は、**平板の**‖**エッジ**と●**頂点**に [**一致拘束**] を追加します。

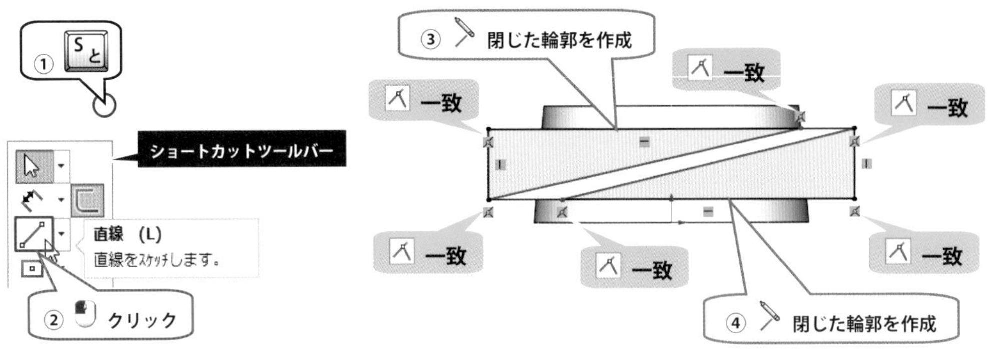

4. **三角形の斜線**に [**平行拘束**] の幾何拘束を追加します。

下図に示す**2つの**‖**直線**を クリック（2つ目は CTRL を押しながら クリック）し、

コンテキストツールバーより [**平行拘束**] を クリック。 [**OK**] ボタンを クリック。

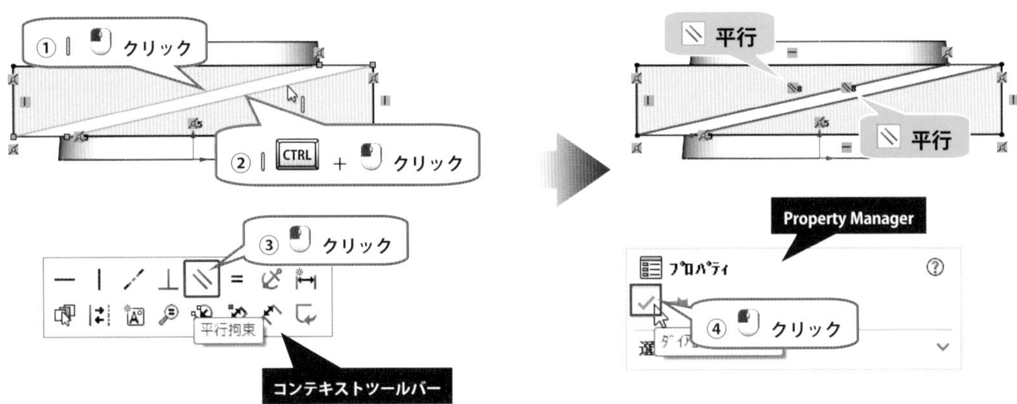

5. [**スマート寸法**] を クリックし、**平行な2直線間の**↖**距離寸法**< 1 >を記入します。

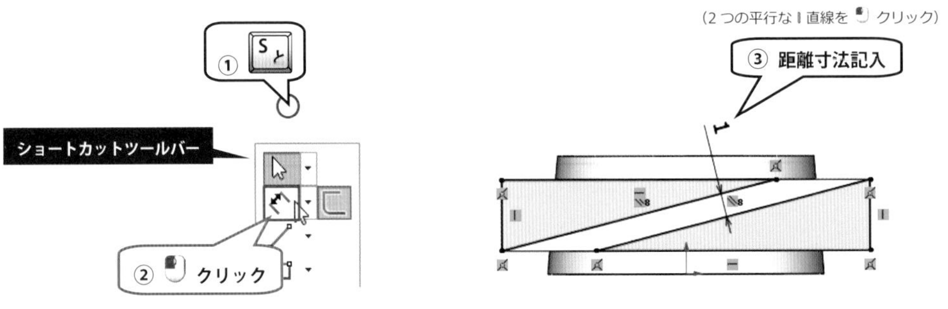

6. [**表示方向**] から [**等角投影**] を クリック。ショートカットは CTRL + 7や。

7. Command Manager【**フィーチャー**】タブの [**押し出しカット**]を クリック。

8. 「**押し出し状態**」より[**ブラインド**]を選択し、 「**深さ/厚み**」に<1 0 0 ENTER>と入力。 [**OK**]ボタンを クリック。

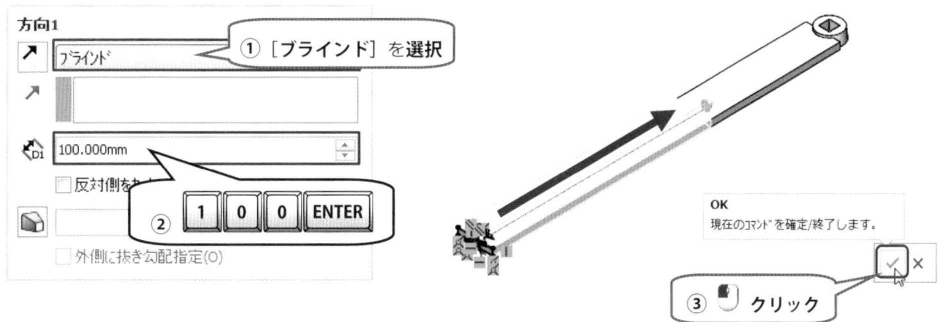

9. フィーチャーの名前を<**平板カット**>に**変更**します。

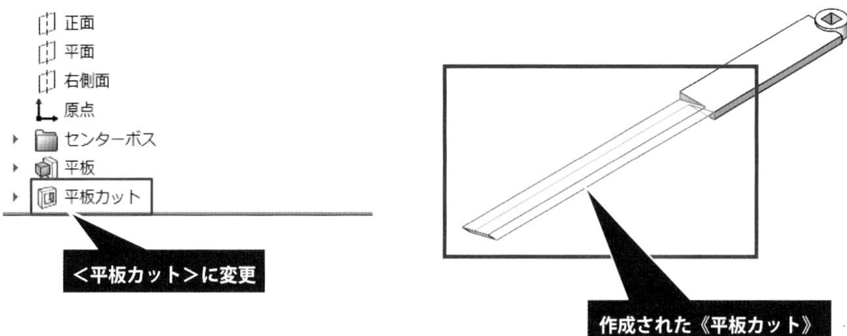

9.1.6　ロフトカット

ロフトは、**複数の輪郭をつなぎ合わせて**ソリッドボディやカットフィーチャーを作成します。

ロフトの**輪郭**には **スケッチ**、ボディの **エッジ**、 **面**などが指定できます。

［**ロフトカット**］を使用して**平板**を**カット**してみましょう。

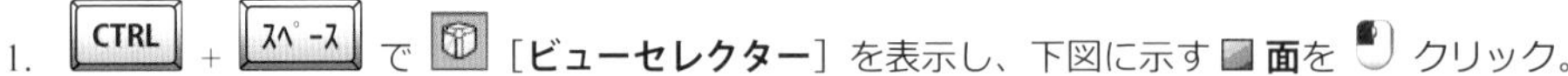
1. CTRL ＋ ｽﾍﾟｰｽ で ［**ビューセレクター**］を表示し、下図に示す **面**を クリック。

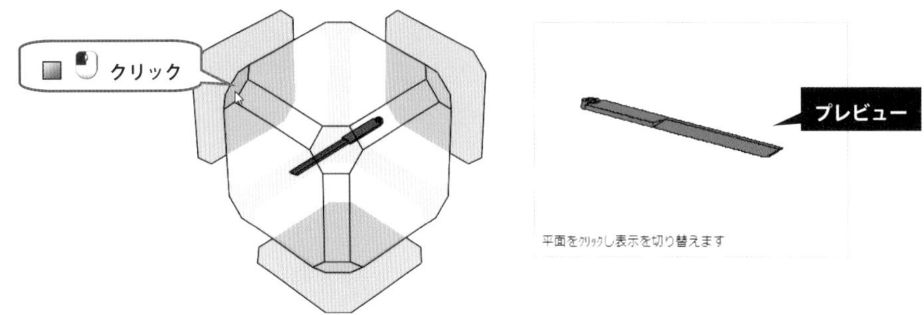

2. 下図に示す **面**を クリックし、**コンテキストツールバー**より ［**スケッチ**］を クリック。

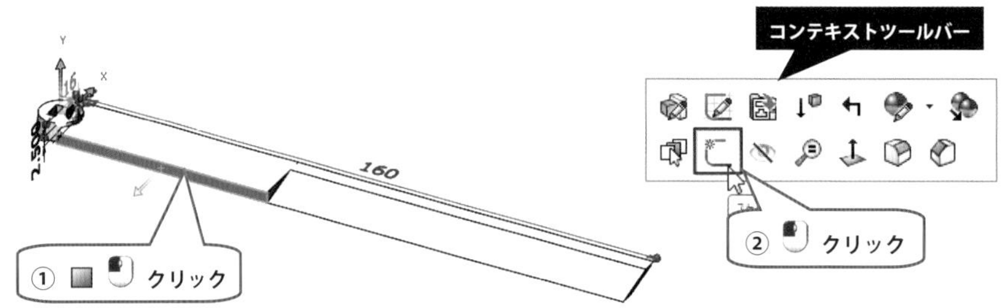

3. Command Manager または**ショートカットツールバー**より ［**直線**］を クリックし、
下図の示す位置に**三角形**を作成します。
三角形の●**コーナー**は、**平板**の **エッジ**と●**頂点**に ［**一致拘束**］を追加します。

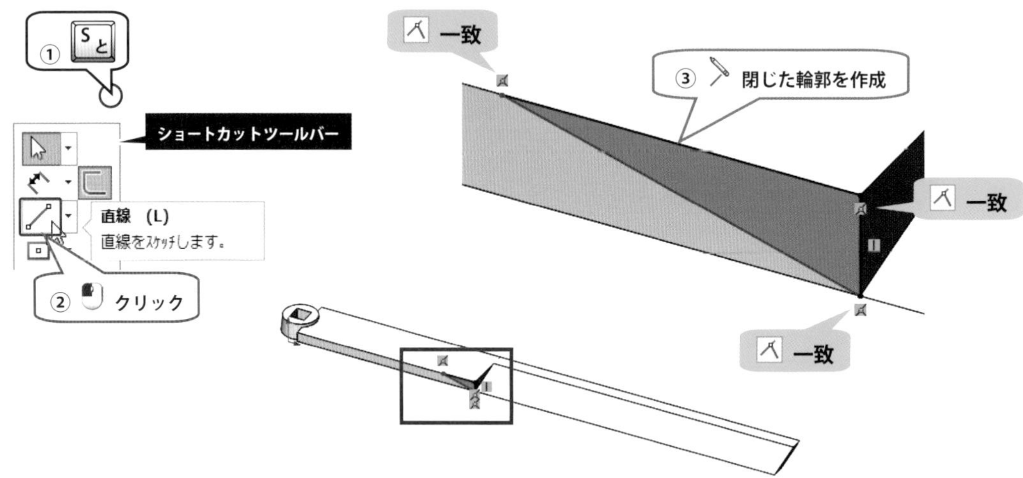

4. [スマート寸法] を クリックし、 直線の 長さ寸法 <1 5> を記入します。

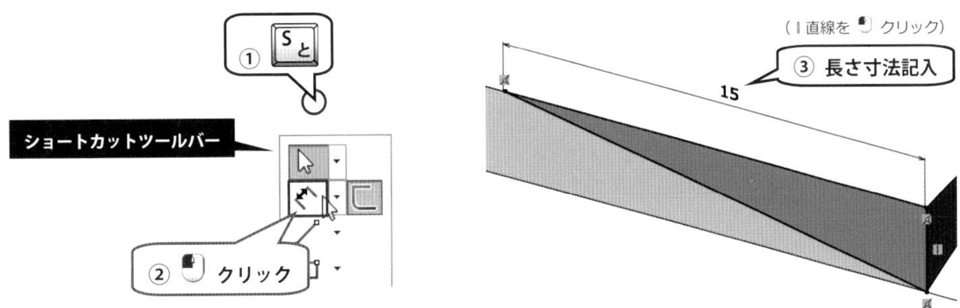

5. [スケッチ終了] を クリック。

6. Command Manager【フィーチャー】タブより [ロフトカット] を クリック。
またはショートカットツールバーより [ロフトカット] を クリック。

7. Property Manager に「 **カット-ロフト 1**」が表示されます。
「**輪郭**」の**選択ボックス**が**アクティブ**になっています。
下図に示す **面**と前の操作で作成した **スケッチ**をグラフィックス領域より クリックして選択します。
（※選択したスケッチ名はスケッチを描いた数によって変わります。）
クリックする際は、形状を**うまく編み合わせるため**に**同じ箇所**（三角形の角の近く）を選びます。
これを**失敗**すると**ねじれが発生**したり、**フィーチャーの作成ができない**ことがあります。
プレビューを確認し、 [**OK**] ボタンを クリック。

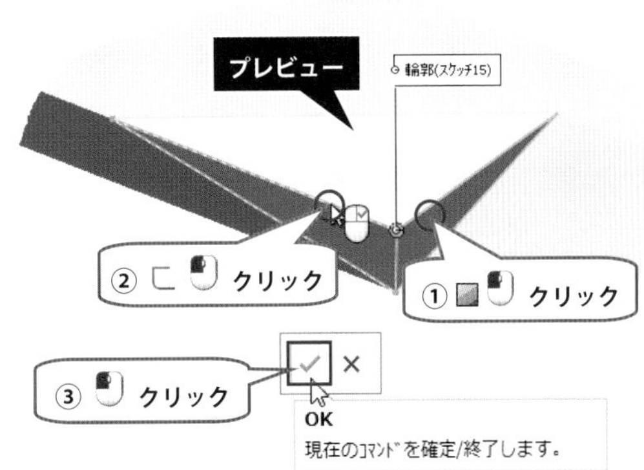

8. フィーチャーの名前を<**平板ロフトカット-上**>に**変更**します。

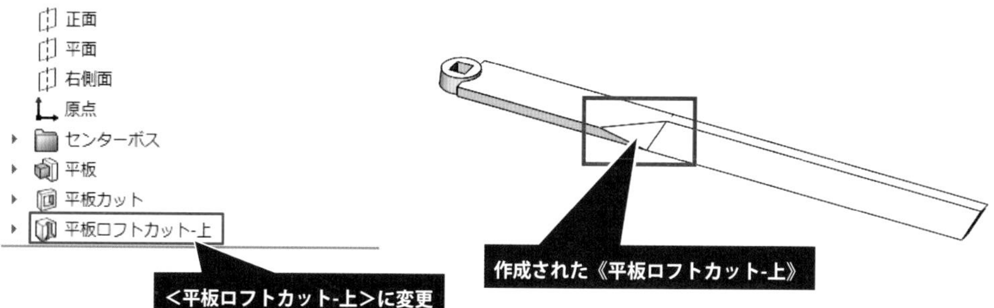

9. 同様の方法で**裏側**にも［**ロフトカット**］を使用して**平板**を**カット**します。

［**表示方向**］から［**等角投影**］をクリック。ショートカットは CTRL ＋ 7や。

10. CTRL ＋ ｽﾍﾟｰｽ で［**ビューセレクター**］を表示し、下図に示す**面**をクリック。

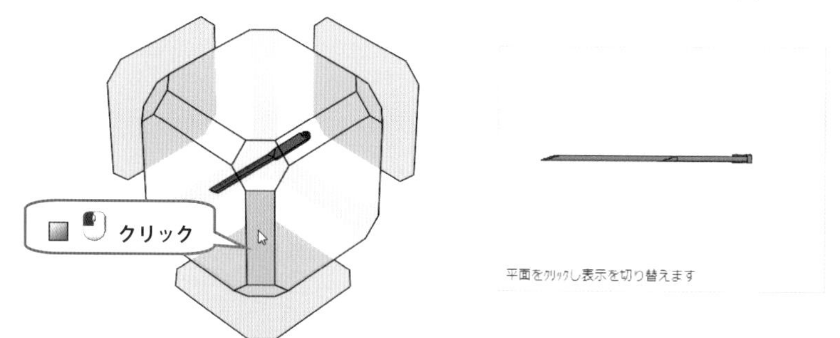

11. 下図に示す**面**をクリックし、**コンテキストツールバー**より［**スケッチ**］をクリック。

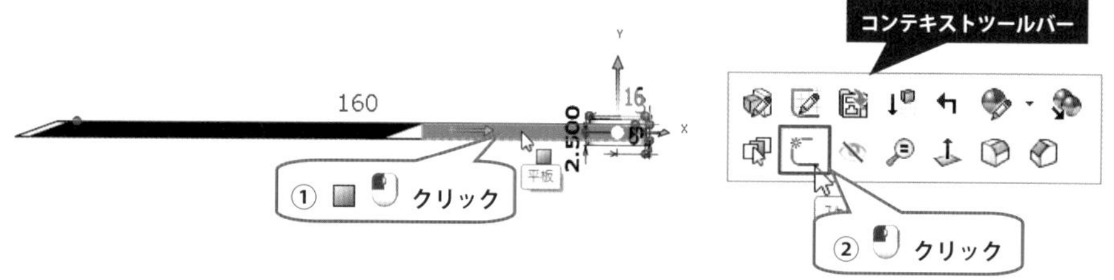

12. Command Manager または**ショートカットツールバー**より［**直線**］をクリックし、

下図の示す位置に**三角形**を作成します。

三角形の●**コーナー**は、**平板**の **エッジ**と●**頂点**に［**一致拘束**］を追加します。

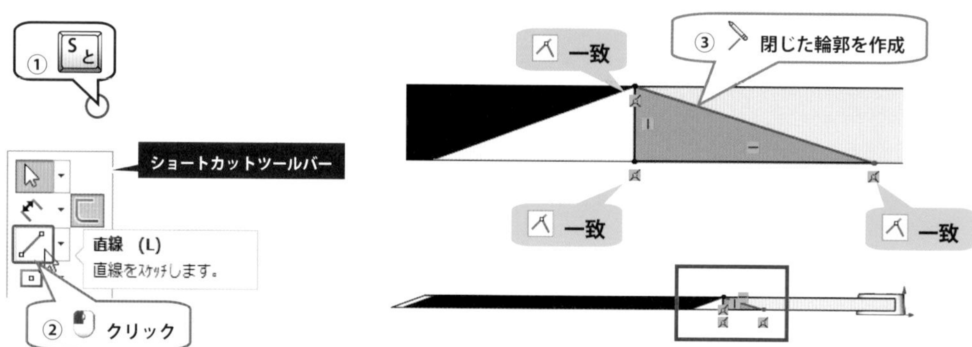

13. Command Manager または**ショートカットツールバー**より [**スマート寸法**] を クリックし、直線の**長さ寸法**を記入します。

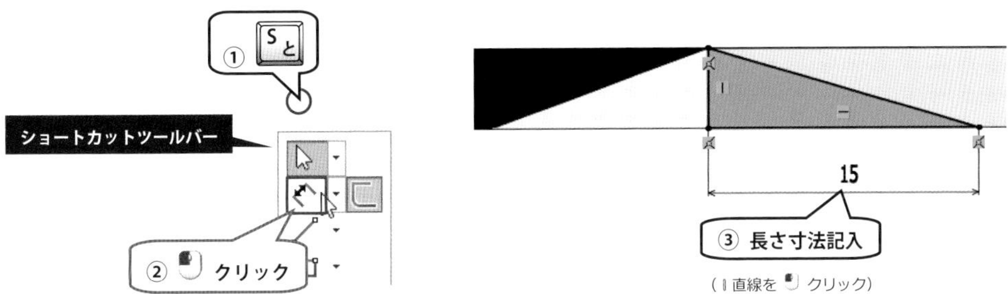

14. [**スケッチ終了**] を クリック。

15. Command Manager または**ショートカットツールバー**より [**ロフトカット**] を クリック。

16. Property Manager に「**カット-ロフト**」が表示されます。

下図に示す **面**と前の操作で作成した **スケッチ**をグラフィックス領域より クリックして選択します。

プレビューを確認し、 [**OK**] ボタンを クリック。

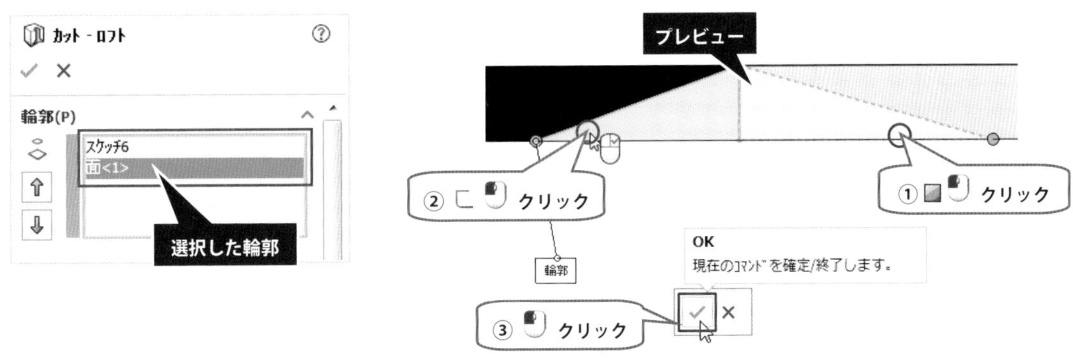

17. フィーチャーの名前を＜**平板ロフトカット-下**＞に**変更**します。

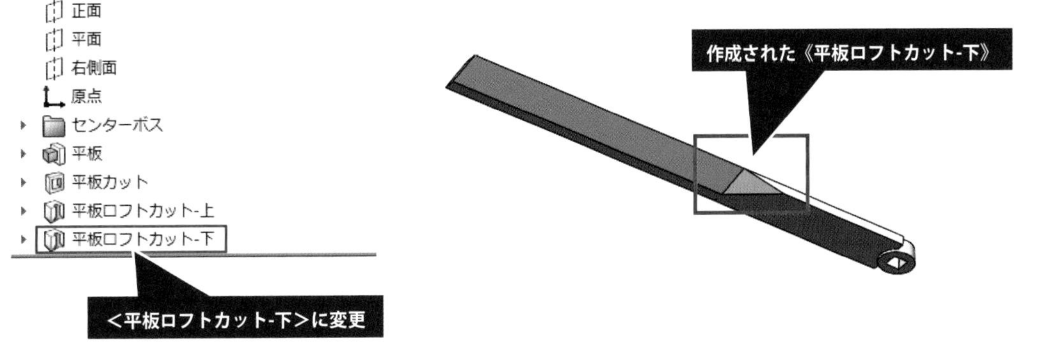

POINT ロフトコネクタ

ロフト輪郭を選択したときに表示されるマークを**ロフトコネクタ**といいます。

これを ドラッグすることで**ねじれを修正**したり、逆に**ねじれを発生**させることができます。

① ドラッグ

ロフトコネクタ

② ドロップ

ロフトコネクタ

輪郭(スケッチ2)

輪郭(スケッチ2)

ねじれた状態　　　　ねじれを修正

POINT ロフト輪郭の順序変更

ロフト輪郭は**選択した順番**に**選択ボックス**に表示されます。

フィーチャーを作成するためには、ロフト輪郭が**適切な順序**で並んでいる必要があります。

順序が正しくない場合は、［**上へ移動**］と［**下へ移動**］を使って**順序**の**変更**ができます。

下図は《**スケッチ A**》→《**スケッチ B**》→《**スケッチ C**》と選択するところを

《**スケッチ A**》→《**スケッチ C**》→《**スケッチ B**》の順で選択してしまった場合の修正例です。

この順番で選択すると形状を作成できないのでプレビューが表示されません。

選択ボックスより「**スケッチ B**」を クリックして選択し、［**上へ移動**］を クリックします。

《**スケッチ C**》と《**スケッチ B**》の順番が入れ替わったことによりプレビューが表示されます。

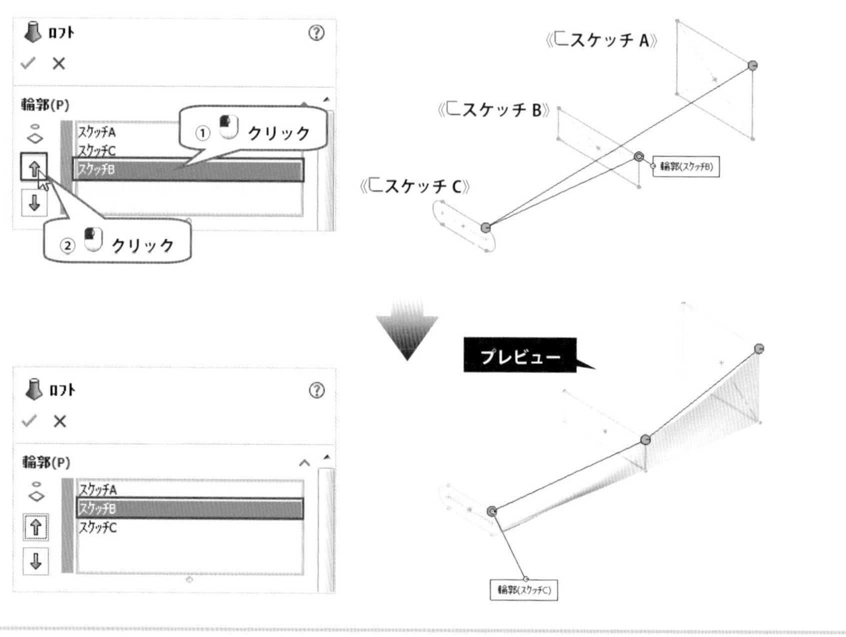

POINT 拘束の開始／終了

ロフト輪郭の**開始**と**終了**に**正接**をコントロールするための拘束を適用できます。

設定	説明
［デフォルト］	3つ以上の輪郭があるときに有効です。 最初の輪郭と最後の輪郭の間に描かれた放物線に近づき、自然なロフト曲面を作成します。 右図は曲面上にカーブを作成し、曲率をコームで表示しています。
［なし］	曲面に正接拘束は適用されていません。 右図は曲面上にカーブを作成し、曲率をコームで表示しています。
［方向指定ベクトル］	選択したエンティティを方向指定ベクトルとして正接したロフトを作成します。 抜き勾配角度、開始の正接の長さ、終了点の正接の長さが設定できます。 右図は《**正面**》を方向指定ベクトルとして選択しています。
［輪郭に垂直］	開始点の輪郭、または終了点の輪郭に垂直な正接拘束を適用したロフトを作成します。 抜き勾配角度、開始点の正接の長さ、終了点の正接の長さを設定できます。 右図は開始点と終了点を「**輪郭に垂直**」を設定しています。
［面に正接］	選択した開始点または終了点の輪郭に隣接する面に対し曲面を正接させます。 右図は隣接する円筒面に対し、ロフト曲面は正接です。
［面に曲率連続］	選択された開始点または終了点の輪郭に滑らかな曲率連続をしたロフト曲面を作成します。 右図は隣接する円筒面に対し、ロフト曲面は曲率が連続しています。

POINT ガイドカーブ

スケッチや**カーブ**を**ガイドカーブ**として指定し、**ロフト曲面**を**コントロール**できます。

ガイドカーブは複数選択でき、輪郭と同様に正接拘束のタイプが選択できます。

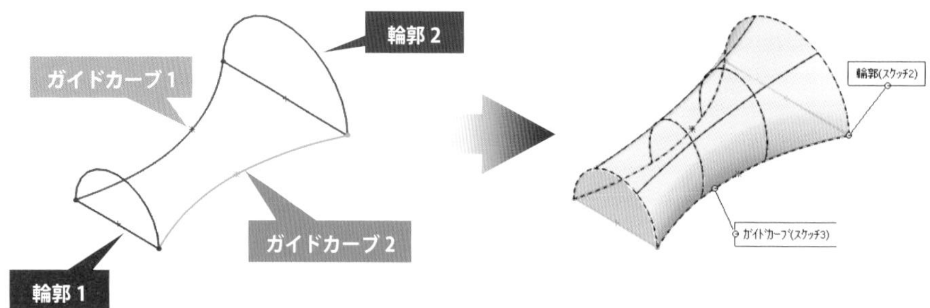

ロフトでガイドカーブを使用する際は、以下の点を考慮します。

- 選択できるガイドカーブの**数**に**制限はありません**。
- ガイドカーブは、すべての**ロフト輪郭**と**交差**しなければなりません。
- ガイドカーブには「**エンティティ**」「**モデルエッジ**」「**カーブ**」が指定できます。
- ガイドカーブが**不正**な場合には、［**SelectionManager**］を起動して選択する必要があります。
  右クリックメニューより［**SelectionManager（Q）**］を クリックすると起動します。

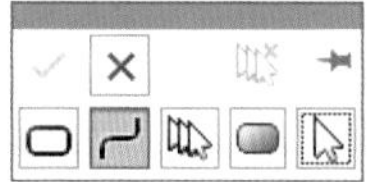

「**ガイドカーブ拘束**」は、ロフトへのガイドカーブの拘束をコントロールします。

リストボックスより以下のタイプを選択します。（※下図は２つの輪郭と１つのガイドカーブを使用した例）

タイプ	説　明
［**次のガイドへ**］	ガイドカーブの拘束は、次のガイドカーブまでのみに指定されます。
［**次の仮想線へ**］	ガイドカーブの拘束は、次の仮想線までのみに指定されます。
［**次のエッジへ**］	ガイドカーブの拘束は、次のエッジまでのみに指定されます。
［**グローバル**］	ガイドカーブの拘束は、ロフト全体に指定されます。

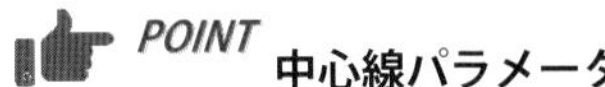

POINT 中心線パラメータ

「**中心線パラメータ**」は、スケッチで作成したエンティティを**中心線**に指定してロフトを**ガイド**します。
ガイドカーブとともに使用できます。

設 定	説 明	
［**中心線**］	選択ボックスをアクティブにし、中心線として使用するエンティティをグラフィックス領域より クリックして選択します。 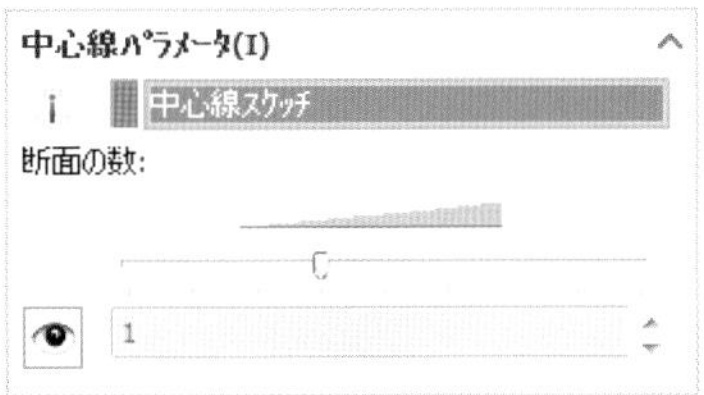 中心線パラメータ(I) 中心線スケッチ 断面の数: 1	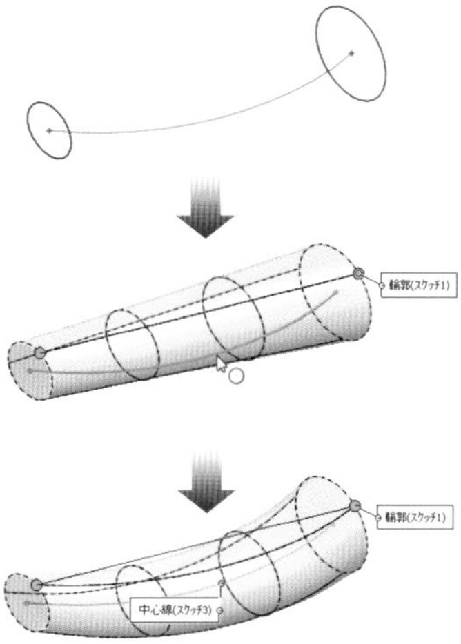 輪郭(スケッチ1) 輪郭(スケッチ1) 中心線(スケッチ3)
［**断面の数**］	中心線の効果をプレビュー表示にて確認できます。 **スライダーバー**を ドラッグで移動すると、 **断面プレビューの数**を**調整**きます。	輪郭(輪郭スケッチ2) 中心線(中心線スケッチ)
［**断面表示**］	を クリックすると**断面**を**表示**します。 を クリックすると断面が移動します。 望んだ断面になっているか確認します。	

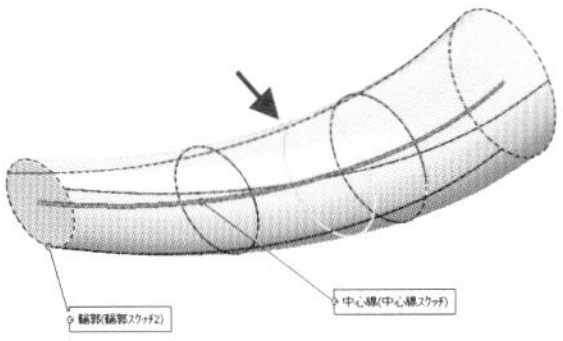

9.1.7　平板カット（反対側をカット）

平板に重なるようにスケッチで円を描き、**円の外側**を［**押し出しカット**］にて切り取ります。

1. Feature Manager デザインツリーから《**平面**》を クリックし、**コンテキストツールバー**より［**スケッチ**］を クリック。

2. ［**アイテムに鉛直**］（CTRL + 8ゆ）にて《**平面**》を正面に向けます。

3. **原点位置**に**円**を作成します。Command Manager または**ショートカットツールバー**より［**円**］を クリック。**原点**を クリックし、**カーソルを外側に移動**すると○**円**が表示されるので クリックして大きさを確定します。**円**の **中心点**は **原点**に［**一致**］します。

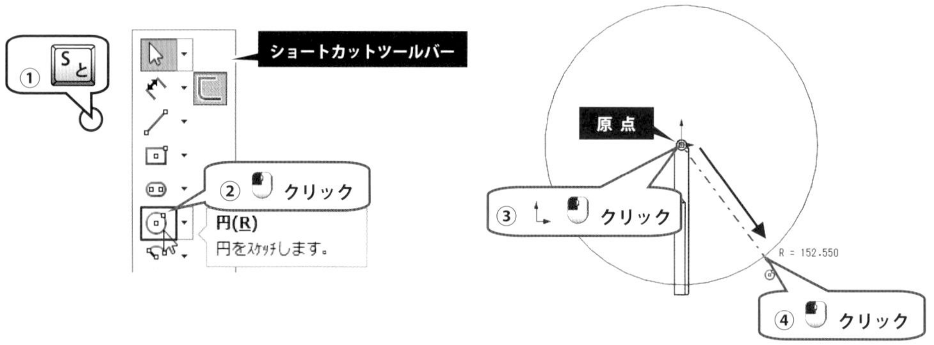

4. Command Manager または**ショートカットツールバー**より［**スマート寸法**］を クリック。
○**円**を クリックし、表示される**直径寸法**を配置位置で クリック。
『**変更**』ダイアログが表示されるので＜3 2 0 ENTER＞と 入力。

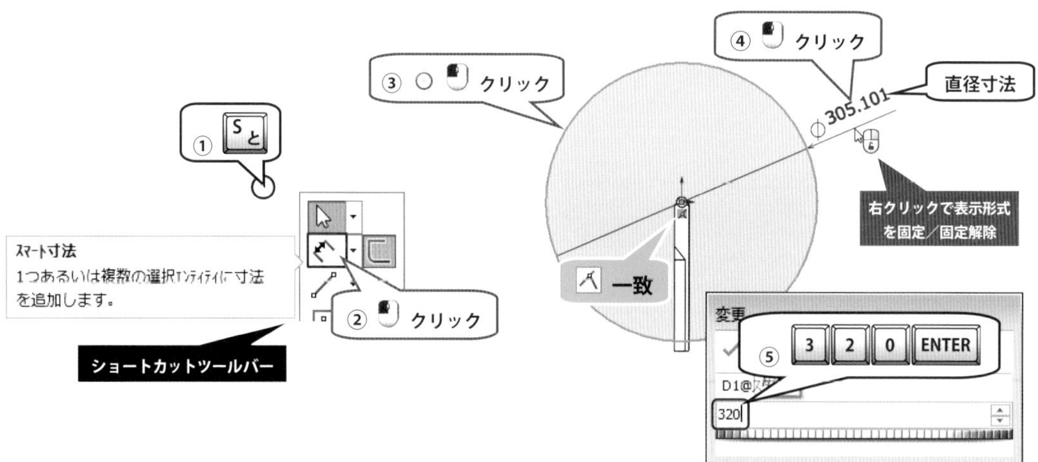

5. ［**表示方向**］から［**等角投影**］を クリック。ショートカットは CTRL + 7や。

6. Command Manager **【フィーチャー】**タブの [**押し出しカット**] を クリック。

7. **円の外側**を**カット**します。
「**押し出し状態**」より [**全貫通-両方**] を選択し、「**反対側をカット**」をチェック ON (☑) にします。
[**OK**] ボタンを クリック。
(※ [**全貫通-両方**] オプションは SOLIDWORKS2014 以降の機能です。「**方向 2**」をチェック (☑) にして [**全貫通**] を選択します。)

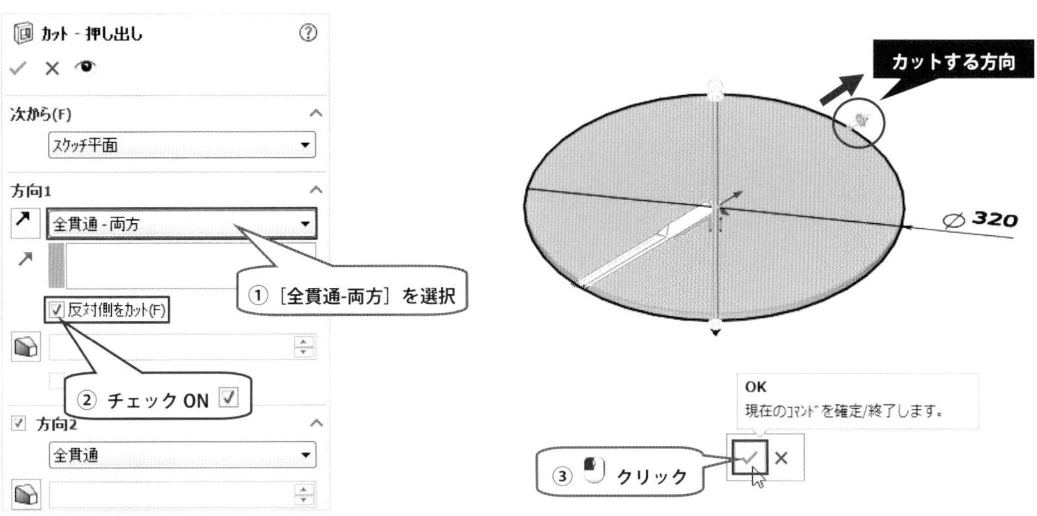

8. フィーチャーの名前を <**外側カット D320**> に**変更**します。

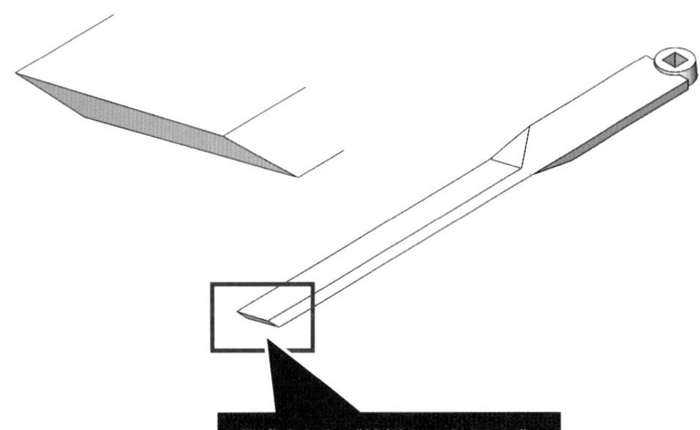

9.1.8　平板のコピー（円形パターン）

平板にフィレットおよび面取りを追加し、［円形パターン］にてセンターボスを中心に回転コピーします。

1. 平板に固定サイズのフィレットを作成します。

   Command Manager または**ショートカットツールバー**より［**フィレット**］を クリック。

2. Property Manager に「**フィレット**」が表示されます。

   「**フィレットタイプ**」は［**固定サイズフィレット**］を クリック。

   「**フィレットパラメータ**」の「**半径**」に<1 0 ENTER>と入力し、下図に示す2つ **エッジ**を クリックして選択します。プレビューを確認して［**OK**］ボタンを クリック。

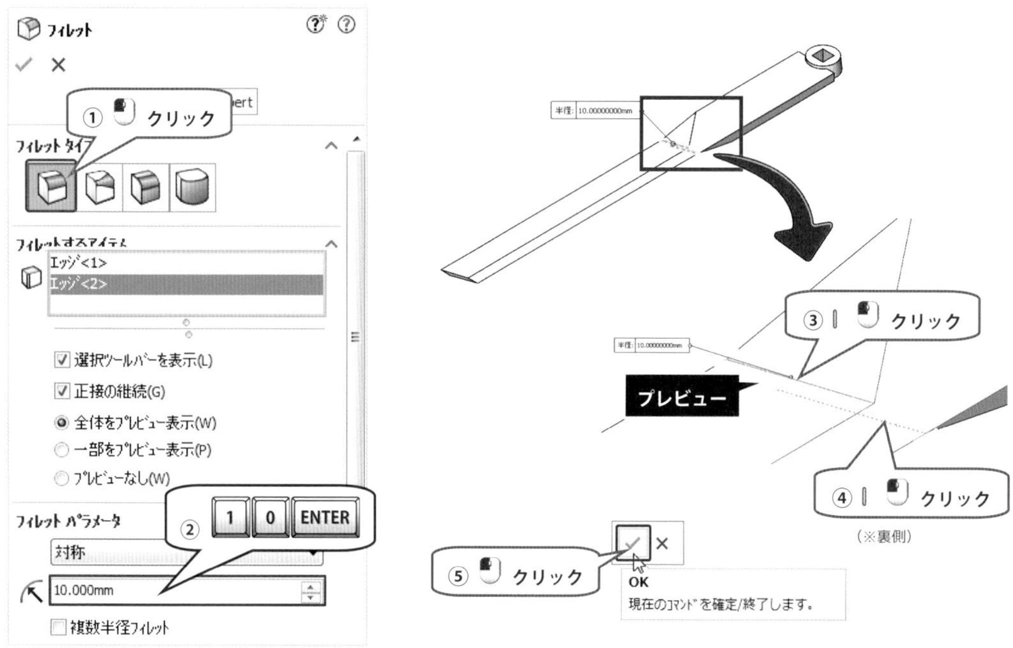

3. 平板に C 面取りを作成します。

   Command Manager【**フィーチャー**】タブより［**フィレット**］下の を クリックして**展開**し、［**面取り**］を クリック。

   または**ショートカットツールバー**の［**フィレット**］横の を クリックして**展開**し、［**面取り**］を クリック。

4. Property Manager に「面取り」が表示されます。

「**面取りタイプ**」は［**角度 距離**］を クリック。

「**面取りパラメータ**」の「**距離**」に<3 ENTER>、「**角度**」に<4 5 ENTER>と入力。

「**面取りするアイテム**」は、下図に示す２つの **エッジ**を クリックして選択します。

プレビューを確認して［**OK**］ボタンを クリック。

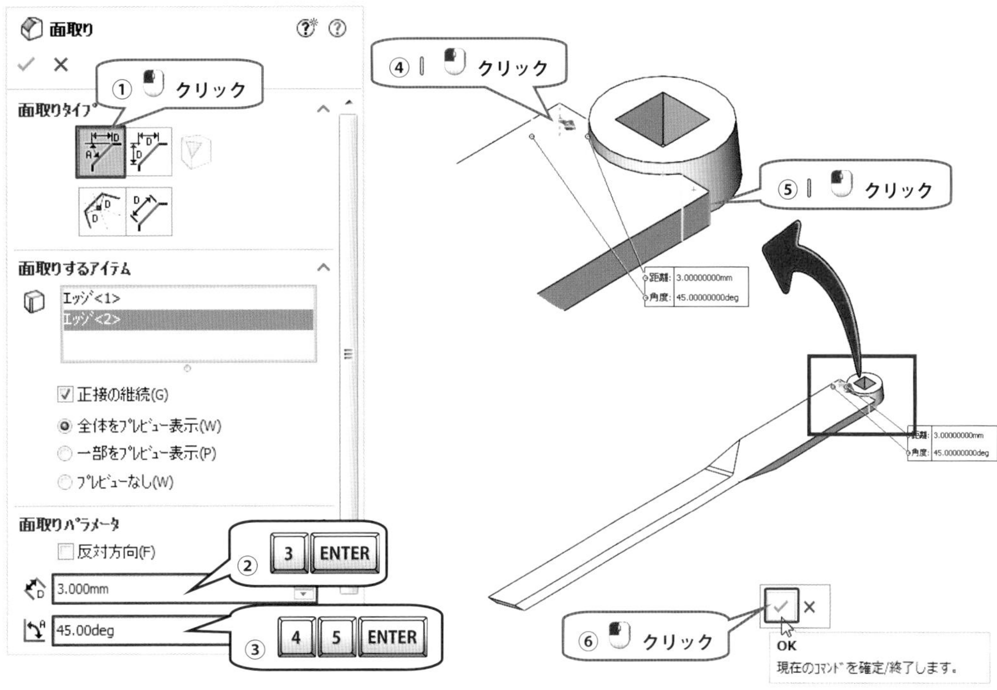

5. フィーチャーの名前を<**R10**>と<**C3**>に**変更**します。

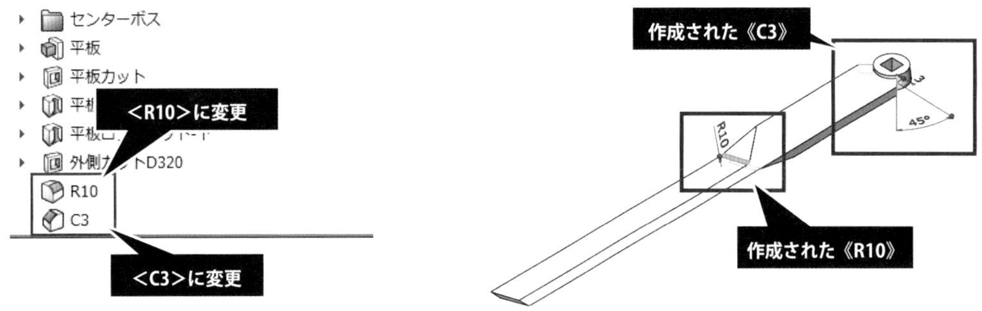

6. Command Manager【**フィーチャー**】タブの [**直線パターン**] 下の を クリックして**展開**し、[**円形パターン**] を クリック。

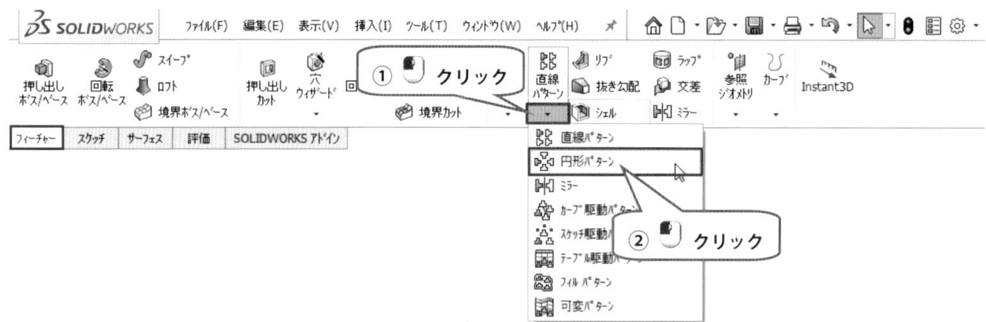

7. 「**パターン化するフィーチャー**」の選択はグラフィックス領域左上の**フライアウトツリー**を▼**展開**します。《**平板**》、《**平板カット**》、《**平板ロフトカット-上**》、《**平板ロフトカット-下**》、《**外側カット D320**》、《**R10**》、《**C3**》を クリックして選択します。

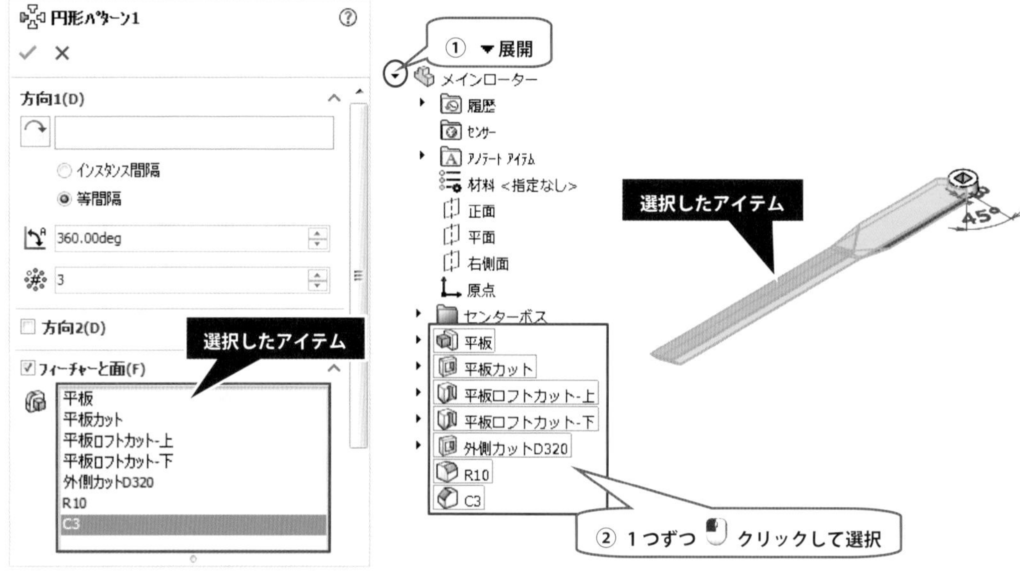

8. 「**パターン軸**」の**選択ボックス**を**アクティブ**にし、下図に示す **円筒面**を クリックして選択します。「**等間隔**」を 選択し、「**インスタンス数**」に< 2 ENTER >と 入力。

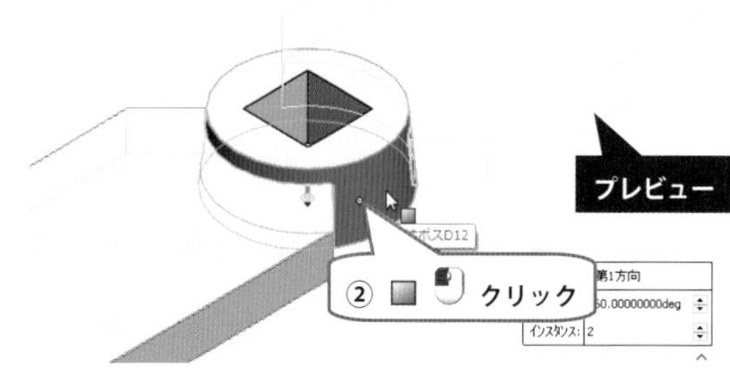

9. 「**オプション**」の「**ジオメトリパターン**」をチェックON（☑）にします。
プレビューを確認して ✓［**OK**］ボタンを クリック。

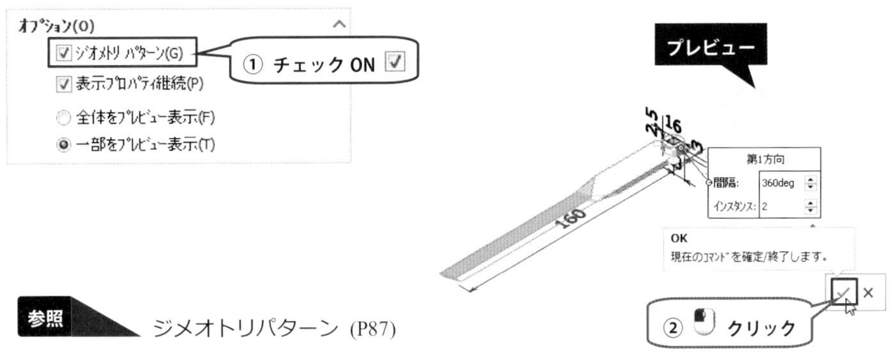

参照 ジメオトリパターン（P87）

10. 選択したフィーチャーが**軸を中心**に**コピー**されます。フィーチャーの名前を<**平板コピー**>に**変更**します。

センターボス
平板
平板カット
平板ロフトカット-上
平板ロフトカット-下
外側カットD320
R10
C3
平板コピー

<平板コピー>に変更

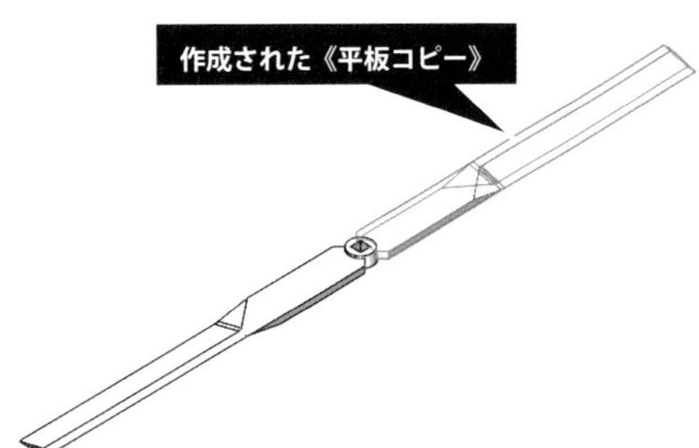

11. Feature Manager デザインツリーから《**材料<指定なし>**》を 右クリックし、
メニューより［**材料編集（A）**］を クリック。

12. 『**材料**』ダイアログが表示されるので［**solidworks materials**］＞［**アルミ合金**］を◢**展開**し、
［**1060 合金**］を クリック。**適用(A)**、**閉じる(C)** を クリック。

13. 任意の［**外観**］を設定し、［**保存**］にて上書き保存をします。
これで｛**メインローター**｝部品の完成です。ウィンドウ右上の ✕ を クリックして閉じます。

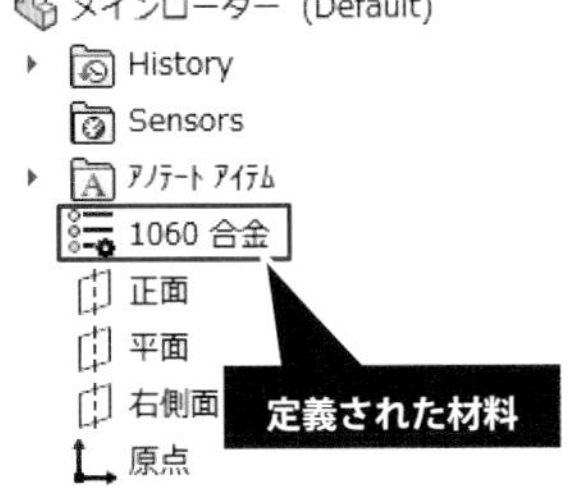

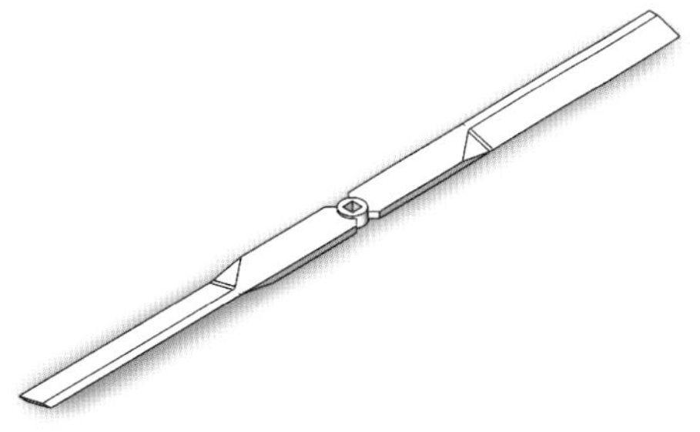

（※完成モデルはダウンロードフォルダー｛**Chapter9**｝に保存されています。）

9.2　テールブームを作成する

ヘリコプターの構成部品 {テールブーム} を新規部品として作成します。

9.2.1　準備

新規部品ドキュメントを作成し、名前を付けて保存します。

1. **標準ツールバー**の［**新規**］を クリック。

2. 『**新規 SOLIDWORKS ドキュメント**』ダイアログが表示されます。

ビギナー で［**部品**］を クリックし、OK を クリック。

3. 画面右下の**ステータスバー**で**単位系**を［**MMGS**］に設定します。
現在の単位系を クリックし、表示されるリストから［**MMGS（mm、g、秒）**］を クリック。

4. **標準ツールバー**の［**保存**］を クリック。

5. 『**指定保存**』ダイアログが表示されます。
保存先フォルダーを {**ヘリコプター**} にし、「**ファイル名**」に<**テールブーム**>と入力。
保存(S) を クリック。

9.2.2　レイアウトスケッチの作成

フィーチャーや参照平面などのアイテムを作成するための**参照用のスケッチ**を作成します。
このようなスケッチを**レイアウトスケッチ**と呼びます。

1. Feature Manager デザインツリーから《**右側面**》を クリックし、**コンテキストツールバー**より［**スケッチ**］を クリック。

2. ［**直線**］と［**矩形コーナー**］を使用して下図の**2つの閉じた輪郭**を作成します。
［**一致拘束**］、［**水平拘束**］、［**鉛直拘束**］を自動または手動にて追加します。

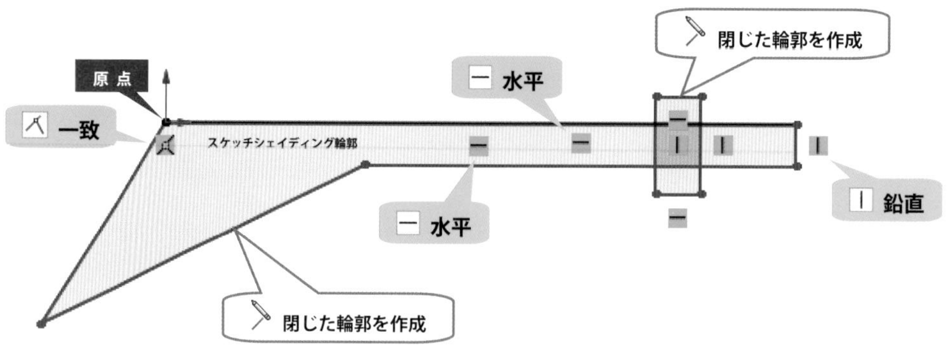

3. Command Manager または**ショートカットツールバー**より [**中心線**] を クリック。

[**中点拘束**]、[**水平拘束**] を自動または手動にて追加します。

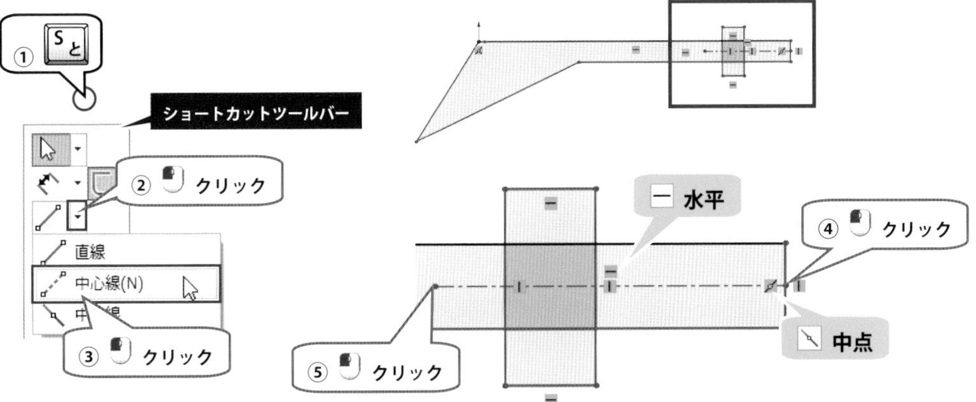

4. 前の操作で作成した水平な作図線を中心として [**対称拘束**] を追加します。

下図に示す 2 つの **直線**と **作図線**を クリックし、**コンテキストツールバー**より [**対称拘束**] を クリック。

⚠ [**対称拘束**] は、作図線を含める場合のみ**コンテキストツールバー**に表示します。

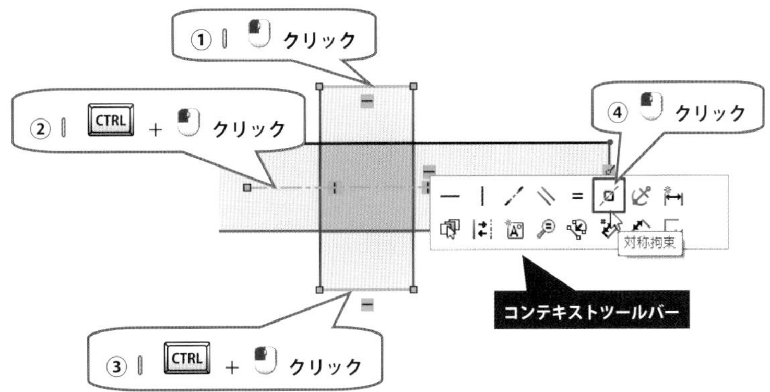

5. [**スマート寸法**] にて下図の**寸法**を記入して**完全定義**させせます。(※下図は幾何拘束を非表示)

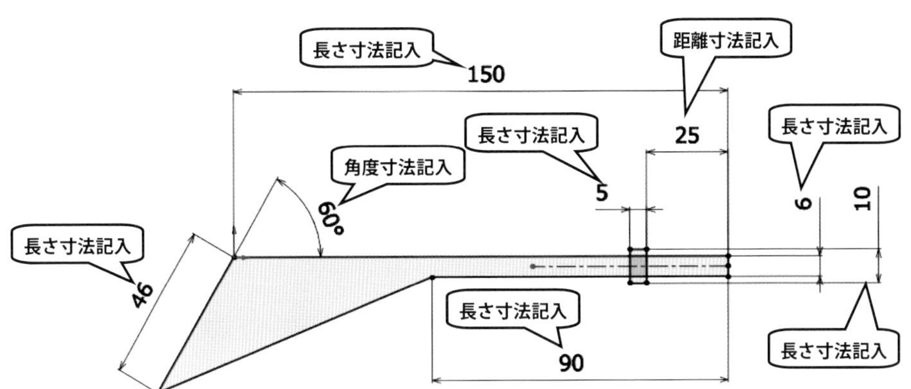

6. [**スケッチ終了**] を クリックし、スケッチの名前を<**レイアウトスケッチ**>に**変更**します。

POINT 外部データの読み込み

参照用の図として DXF や DWG などの 2DCAD データを**スケッチ**に読み込む方法は以下の通りです。

1. DXF または DWG ファイルを開くと『**DXF／DWG インポート**』ダイアログが表示されます。

   「**新規部品へ次の様にインポート**」「**2D スケッチ**」を選択して 次へ(N) を クリック。

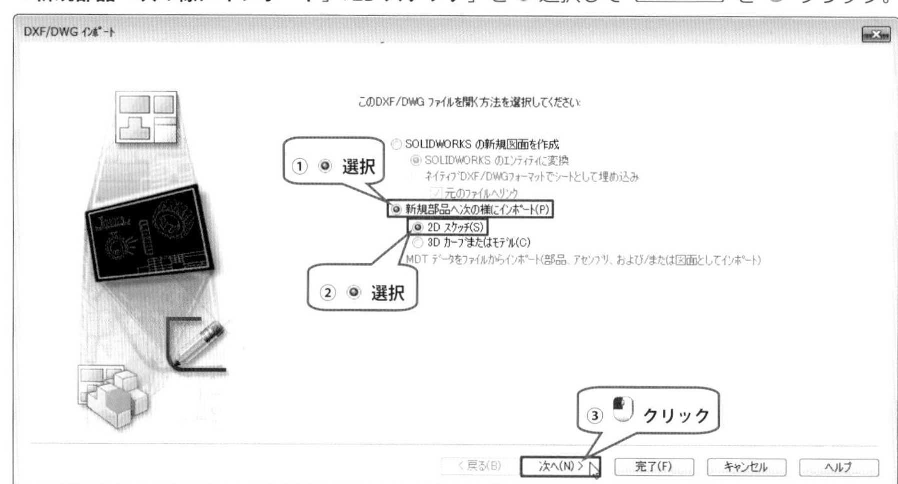

2. 『**DXF／DWG インポート-ドキュメント設定**』ダイアログが表示されるので、
   インポートデータの**単位**や読み込む**レイヤー**の選択などをします。

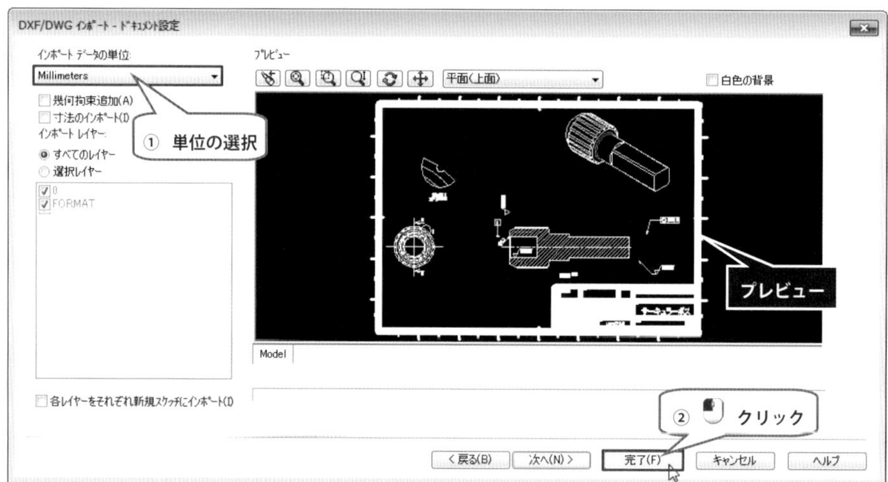

3. 次へ(N) を クリックすると『**DXF／DWG インポート-図面レイヤーのマッピング設定**』ダイアログが表示されます。ここでは**マージ距離**の設定や**原点位置**の定義を行うことができます。

4. 完了(F) を クリックすると DXF または DWG データがスケッチに読み込まれます。

9.2.3 参照平面

参照平面［**平面**］はスケッチを作成するために使用したり、参照アイテムとして使用します。

前の項で作成した**レイアウトスケッチを参照**して**新規**に**参照平面**を**作成**します。

1. ［**表示方向**］から［**等角投影**］を クリック。ショートカットは CTRL ＋ 7や。

2. Command Manager【**フィーチャー**】タブより［**参照ジオメトリ**］下の を クリックして**展開**し、［**平面**］を クリック。または**ショートカットツールバー**より［**平面**］を クリック。

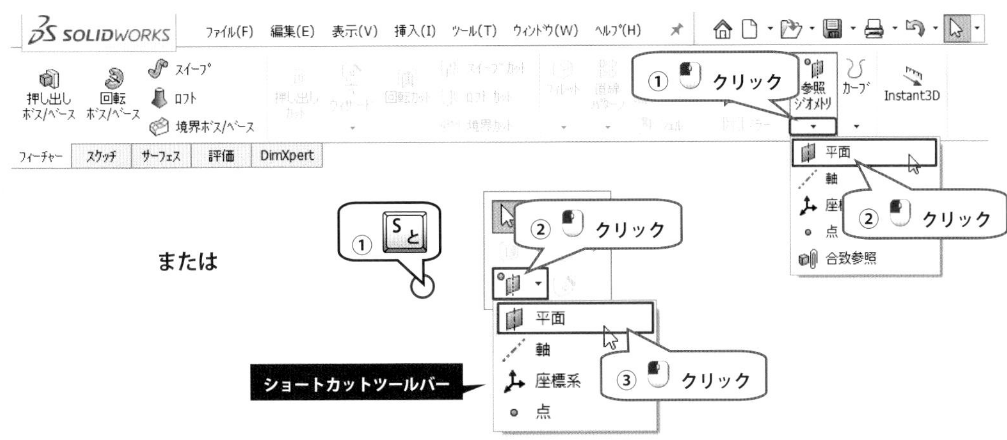

3. Property Manager に「**平面**」が表示されます。

「**第 1 参照**」の**選択ボックス**が**アクティブ**になっているので、グラフィックス領域から下図に示す**斜線**を クリックして選択します。

「**第 2 参照**」の**選択ボックス**を**アクティブ**になるので、**フライアウトツリー**を▼**展開**して《**右側面**》を クリック。プレビューを確認して ［**OK**］ボタンを クリック。

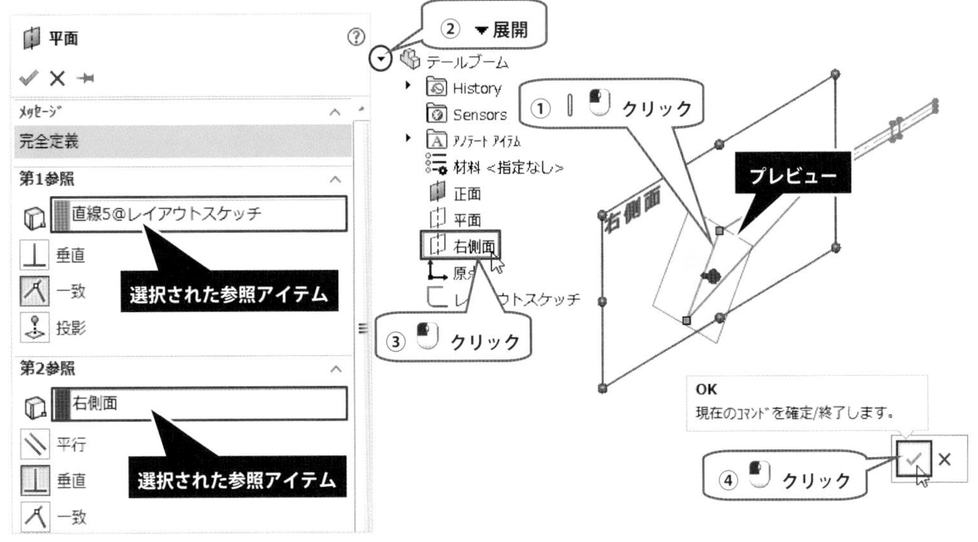

4. Feature Manager デザインツリーに《平面 **1**》が追加されます。

この**参照平面**は、レイアウトスケッチの**斜線に一致**し、《**右側面**》に**垂直**です。

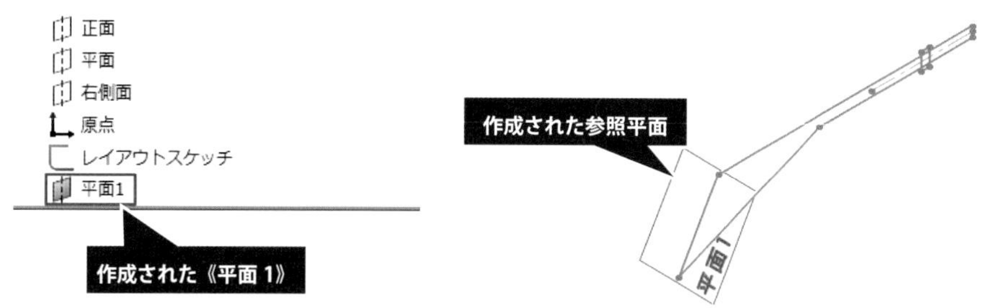

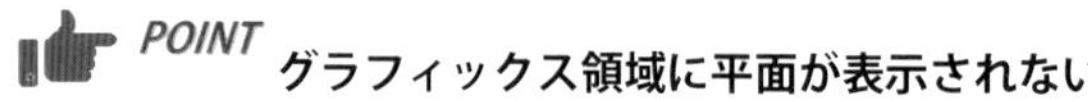

グラフィックス領域に平面が表示されない

グラフィックス領域に**平面が表示されない場合**は、［**全タイプが非表示**］になっているか、［**平面表示**］が**選択解除**になっています。**ヘッズアップビューツールバー**を確認します。

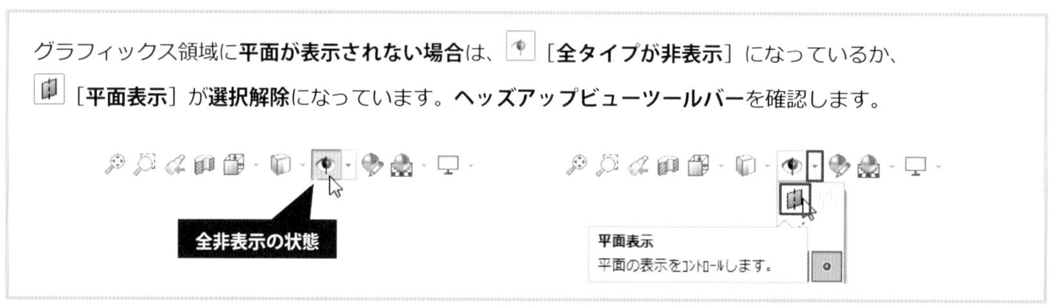

5. 続けて**参照平面**を作成します。

Command Manager または**ショートカットツールバー**より［**平面**］を クリック。

6. 「**第 1 参照**」は**フライアウトツリー**を▾**展開**し、《**正面**》を クリック。

「**第 2 参照**」は、グラフィックス領域から下図に示す**レイアウトスケッチ**の●**コーナー**を クリック。

プレビューを確認して ［**OK**］ボタンを クリック。

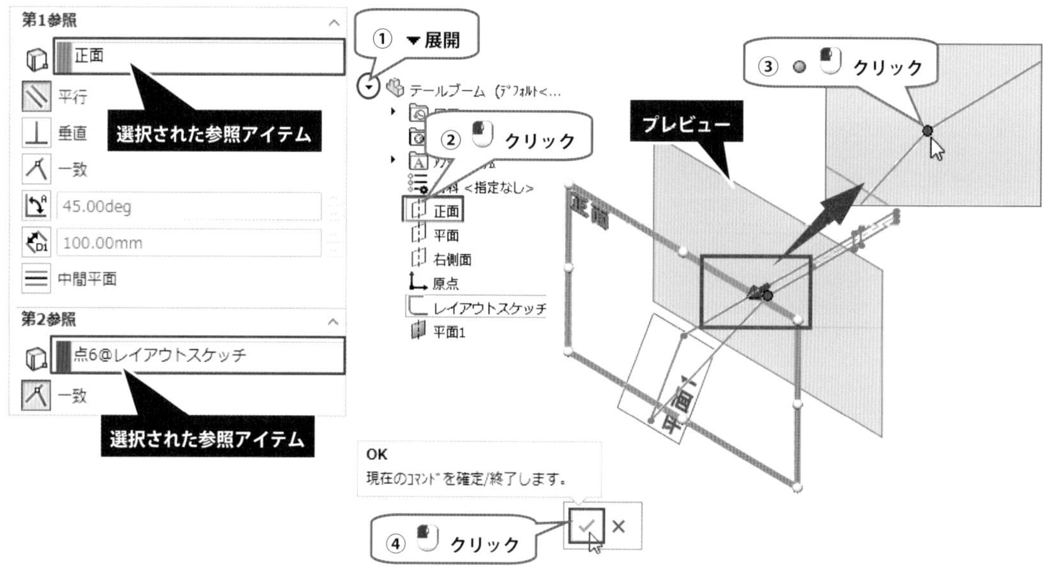

7. Feature Manager デザインツリーに《平面 2》が作成されます。

この**参照平面**は《**正面**》に**平行**で、**レイアウトスケッチ**の**コーナー**に**一致**しています。

8. 続けて**参照平面**を作成します。

Command Manager または**ショートカットツールバー**より ［**平面**］を クリック。

9. 「**第 1 参照**」は、グラフィックス領域から《**平面 2**》を クリック。

「**第 2 参照**」は、グラフィックス領域から下図に示す**レイアウトスケッチ**の**コーナー**を クリック。

プレビューを確認して ［**OK**］ボタンを クリック。

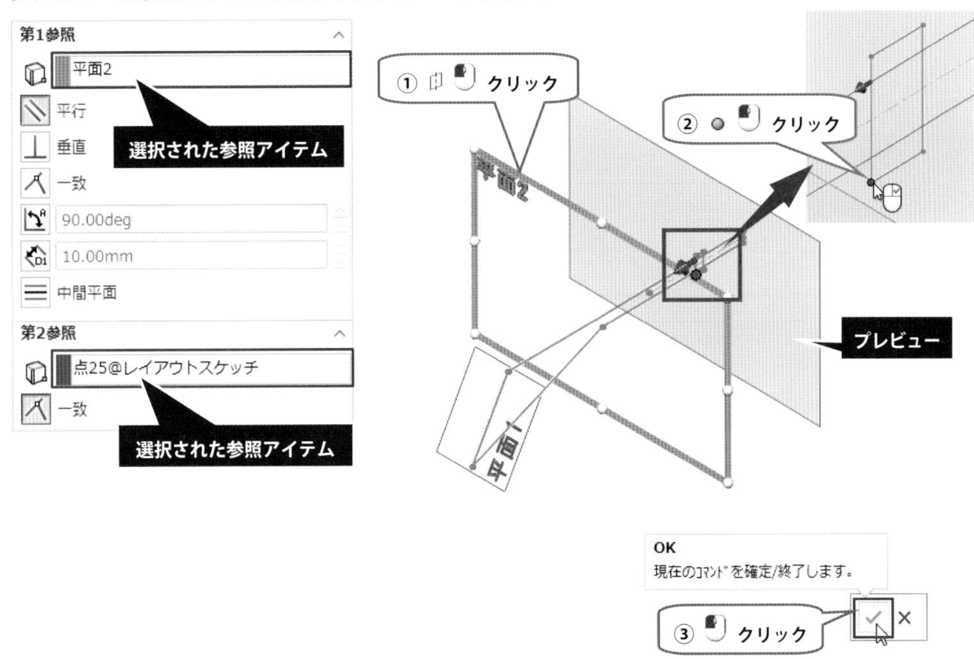

10. Feature Manager デザインツリーに《**平面 3**》が作成されます。

この平面は《**平面 2**》に**平行**で、**レイアウトスケッチ**の**コーナー**に**一致**しています。

11. 《平面 1》、《平面 2》、《平面 3》を**非表示**にします。グラフィックス領域または Feature Manager デザインツリーから《**平面 1**》、《**平面 2**》、《**平面 3**》を選択（複数選択では CTRL を押しながらクリック）し、**コンテキストツールバー**より［**非表示**］をクリック。

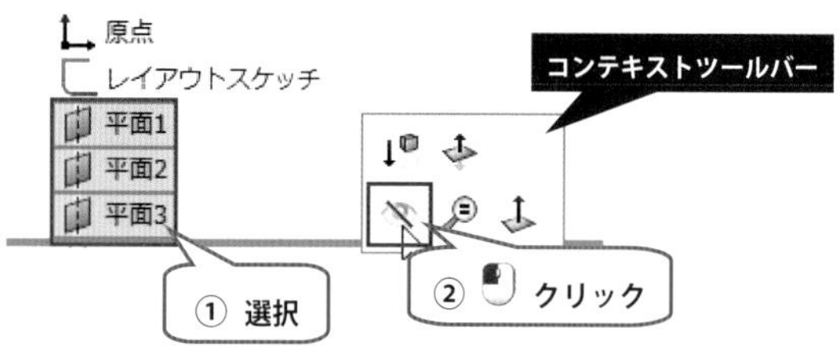

POINT 参照ジオメトリ

モデリングする上で使用する参照用のフィーチャーで、部品では下記のものがあります。

参照ジオメトリ	説　明	
平面	スケッチの作成、抜き勾配のニュートラル平面に指定、参照アイテムとして指定できます。	
軸	スケッチジオメトリや円形パターンの軸に使用できます。平面を作成する際の参照アイテムとして選択できます。	
座標系	部品あるいはアセンブリに対して任意の位置に座標系を作成します。重心を求める際に使用したり、CAM ではワーク座標に指定できます。	
点	面、エッジ、カーブ上の任意の位置に参照点を作成します。フィーチャーや参照ジオメトリを作成する際の参照アイテムとして指定できます。	
合致参照	アセンブリで自動合致させるための機能です。事前に合致させるアイテムと合致方法を指定します。	

参照平面の作成方法

参照平面は既存のエンティティ、参照平面、モデルの平面やエッジなどのアイテムを使用して作成します。ここでは参照平面の作成方法をいくつか紹介します。

第 1 参照	第 2 参照	第 3 参照	作成される平面
平面 & **距離**を指定	なし	なし	平面からオフセットされた参照平面
平面	**平面**	なし	平面の中間に参照平面
平面	**円筒面**	なし	平面に垂直で円筒面に接する参照平面
モデルの エッジ	**エッジの 端点** または **エッジ上の 点**	なし	エッジに垂直で点に一致する参照平面
モデルの 直線エッジ **直線エンティティ** **軸** のいずれかを選択	**平面** & **角度**を指定	なし	エッジを支点とし、選択した平面を基準として角度の付いた参照平面
点	**点**	**点**	3 つの点を通る参照平面
点を選択後に ［**画面に平行**］ を実行	なし	なし	指定点に表示画面に平行な参照平面

9.2.4 レイアウトスケッチの参照（ロフト）

［**ロフト**］を使用してソリッドボディを作成します。

ロフトで使用する**輪郭スケッチ**は、**レイアウトスケッチ**を**参照**して作成します。

1. Feature Manager デザインツリーから《**平面 1**》を クリックし、**コンテキストツールバー**より［**スケッチ**］を クリック。

2. ［**矩形コーナー**］を使用して下図の**閉じた輪郭**を作成します。

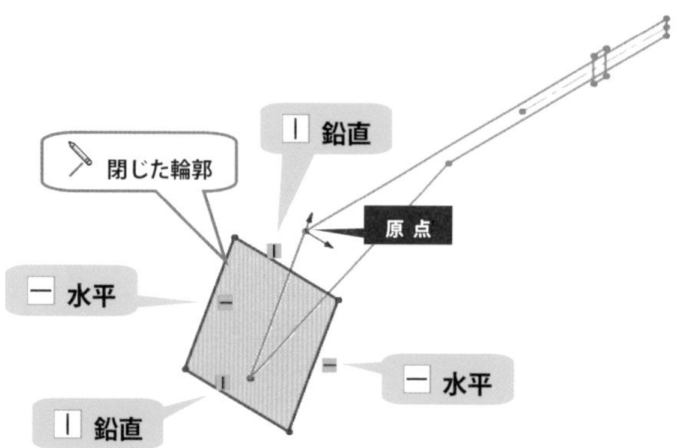

3. ［**中点拘束**］を**手動**にて追加します。**長方形上辺**の**中点**を**原点**に**一致**させます。

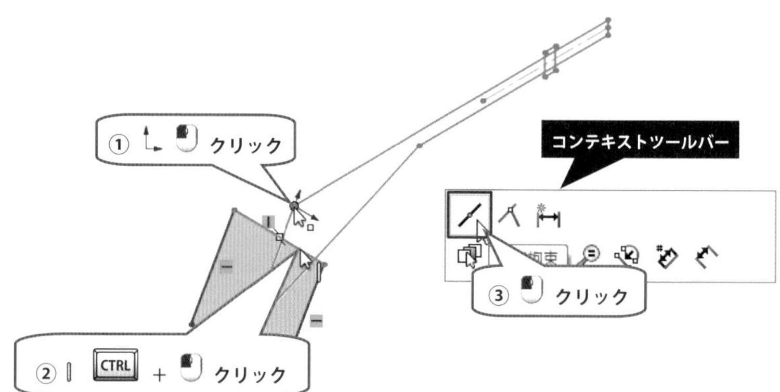

4. ［**一致拘束**］を**手動**にて追加します。**長方形下辺**を**レイアウトスケッチ**の●**コーナー**に**一致**させます。

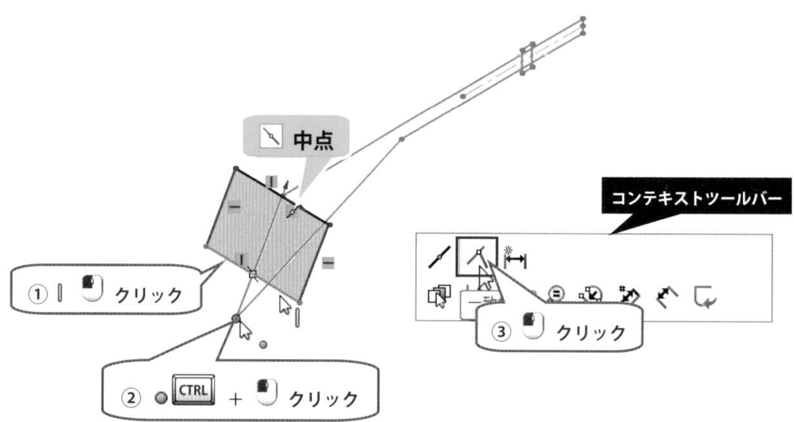

5. [**スマート寸法**] にて**長さ寸法** <4 0> を記入して**完全定義**させます。

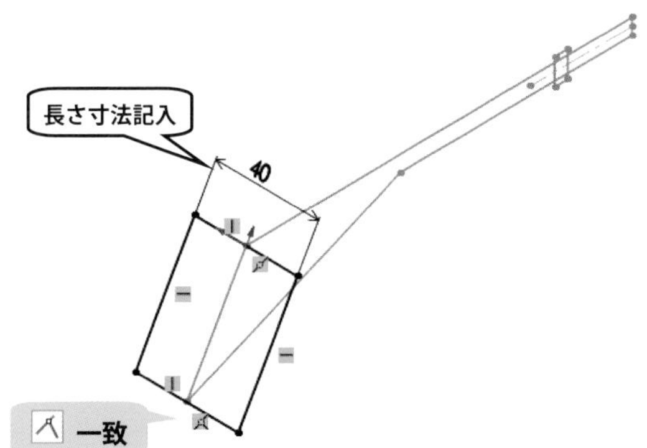

6. [**スケッチ終了**] を クリックし、スケッチの名前を <**輪郭 1**> に**変更**します。

7. Feature Manager デザインツリーから《**平面 2**》を クリックし、**コンテキストツールバー**より [**スケッチ**] を クリック。

8. [**円**] を使用して下図に示す**拘束されていない円**を作成します。

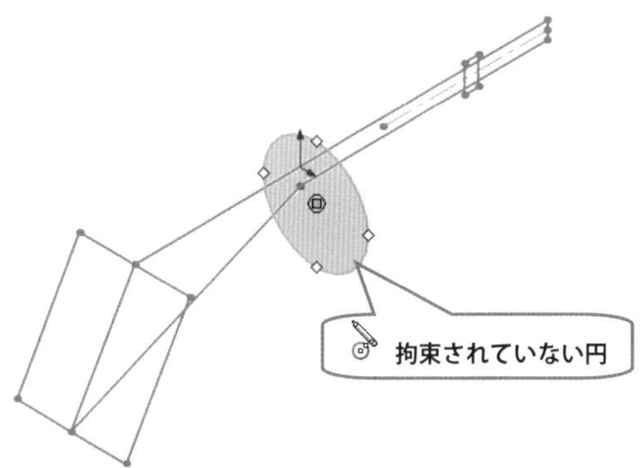

9. [**アイテムに鉛直**] (CTRL + 8ゆ) にて《**平面**》を正面に向けます。

10. 円の**中心点**を**原点**に対し**鉛直**にします。 [**鉛直拘束**] を**手動**にて**追加**します。

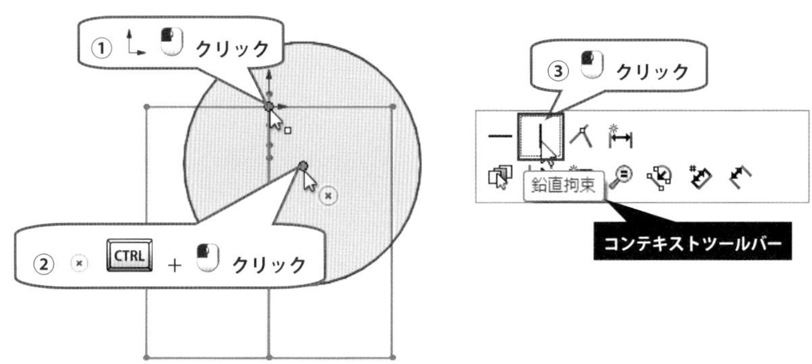

12. [**表示方向**] から [**等角投影**] を クリック。ショートカットは CTRL ＋ 7や。

11. ○**円周**は下図に示す**レイアウトスケッチ**の●**コーナー**に**一致**させます。
   円の **中心点**を ドラッグして原点の上まで移動し、 [**一致拘束**] を**手動**にて**追加**します。

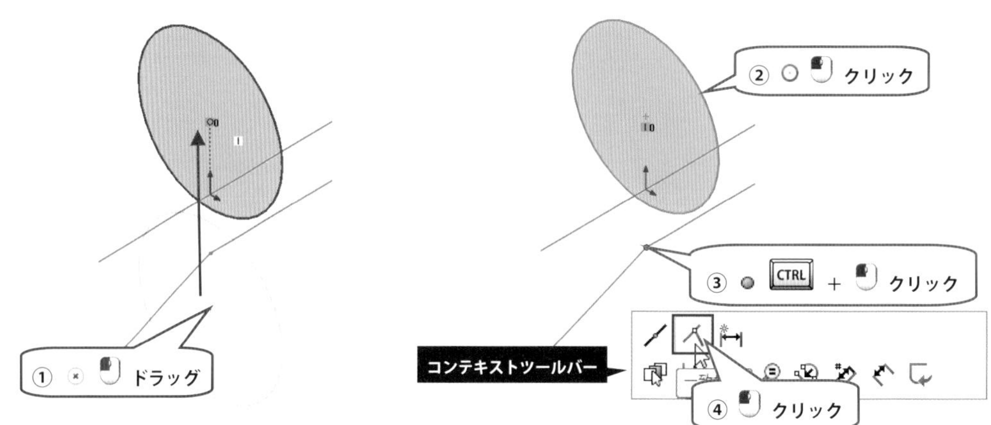

12. [**スマート寸法**] にて**直径寸法**<6>を記入して**完全定義**させます。

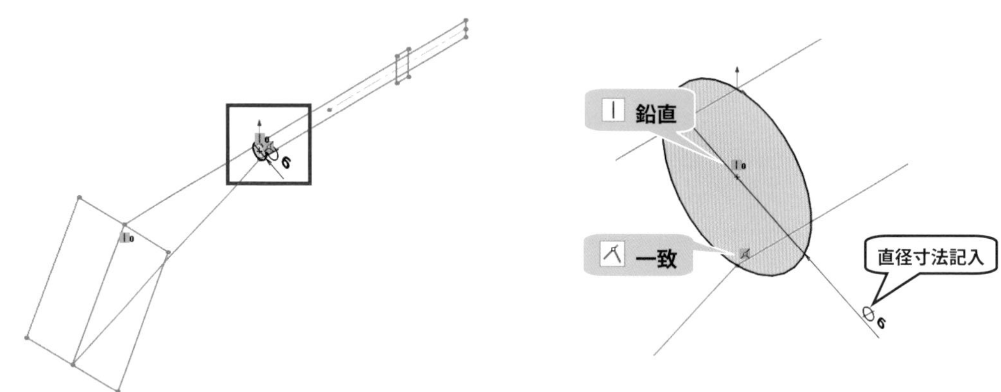

13. [**スケッチ終了**] を クリックし、スケッチの名前を<**輪郭 2**>に**変更**します。

14. Command Manager【**フィーチャー**】タブより [**ロフト**] を クリック。
   または**ショートカットツールバー**より [**ロフト**] を クリック。

15. Property Manager に「ロフト」が表示されます。

輪郭は前の操作で作成した《**輪郭 1**》と《**輪郭 2**》をグラフィックス領域より クリック。

プレビューを確認し、［**OK**］ボタンを クリック。

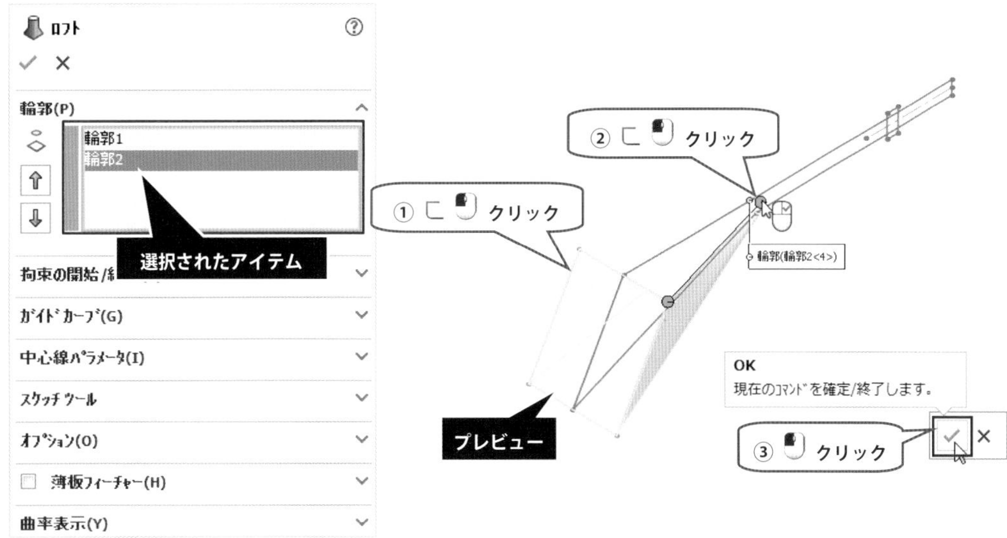

16. フィーチャーの名前を <**ロフトボディ**> に**変更**します。

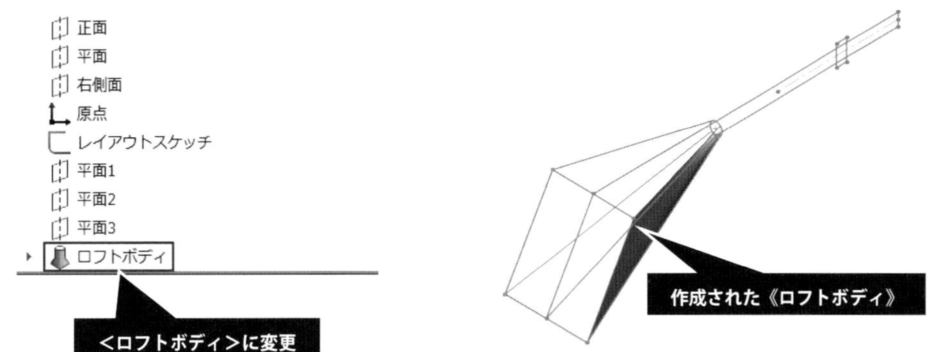

9.2.5　*レイアウトスケッチの参照（押し出しボス：頂点指定）*

レイアウトスケッチの●**コーナー**を**参照**して ［**押し出しボス／ベース**］でボスを作成します。

1. Feature Manager デザインツリーから《**ロフトボディ**》を▼**展開**し、《**輪郭 2**》を クリック。

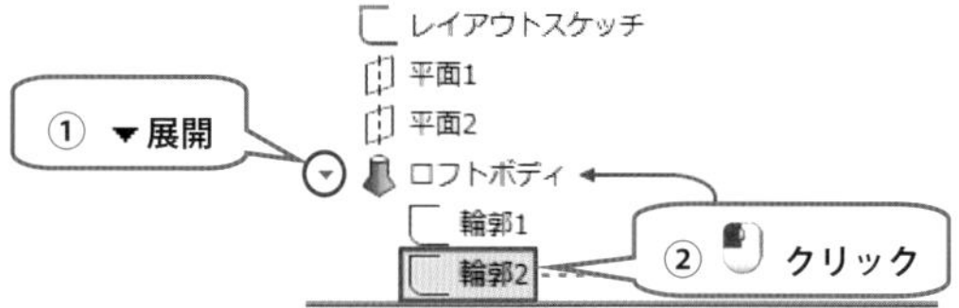

2. Command Manager【**フィーチャー**】タブの ［**押し出しボス／ベース**］を クリック。

3. **押し出す位置**を**レイアウトスケッチ**から**参照**します。
   下図に示す**レイアウトスケッチ**の ●**コーナー**を クリックすると、「**押し出し状態**」は［**頂点指定**］が自動選択されます。プレビューを確認して ［**OK**］ボタンを クリック。

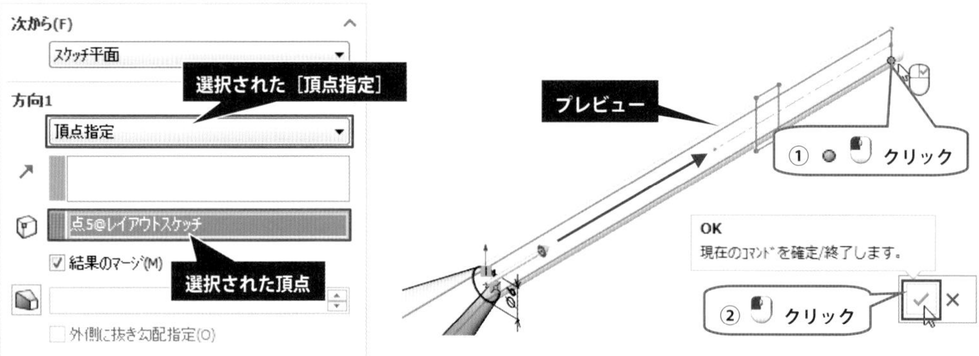

4. フィーチャーの名前を<**シャフト D6**>に**変更**します。

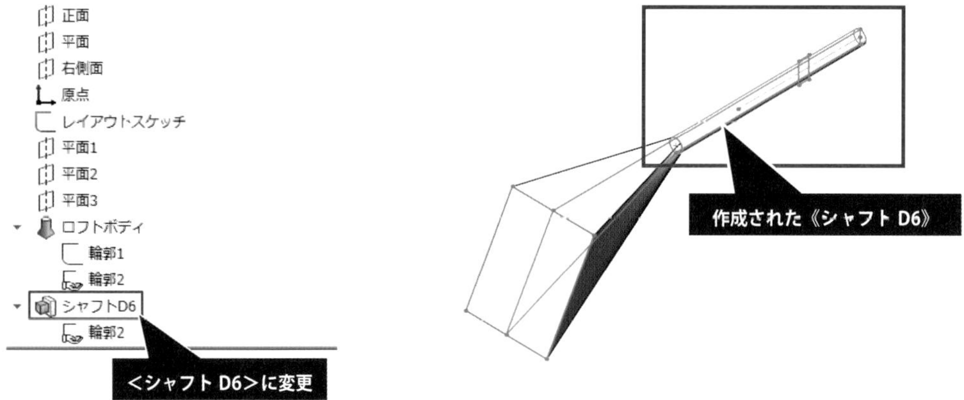

5. Feature Manager デザインツリーから《**平面 3**》を クリックし、**コンテキストツールバー**より ［**スケッチ**］を クリック。

6. [**円**] を使用して下図の**拘束されていない円**を作成します。

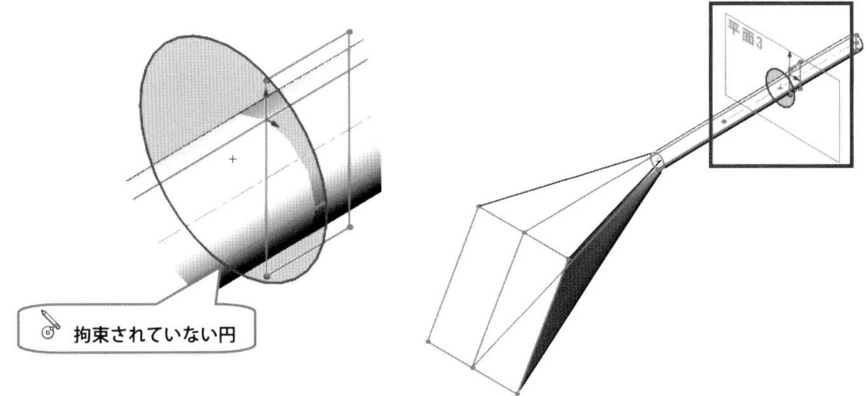

7. [**一致拘束**] を手動にて追加します。

○ **円周**を下図に示す**レイアウトスケッチ**の● **コーナー**へ**一致**させます。

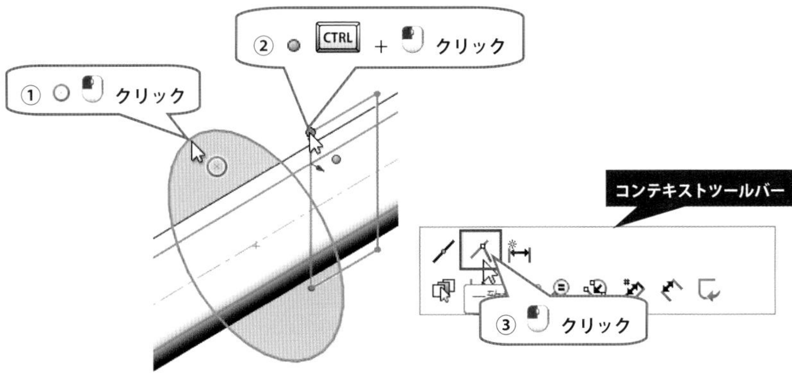

8. [**中点拘束**] を**手動**にて追加します。

円の **中心点**を**レイアウトスケッチ**の**直線の中点**に**一致**させます。

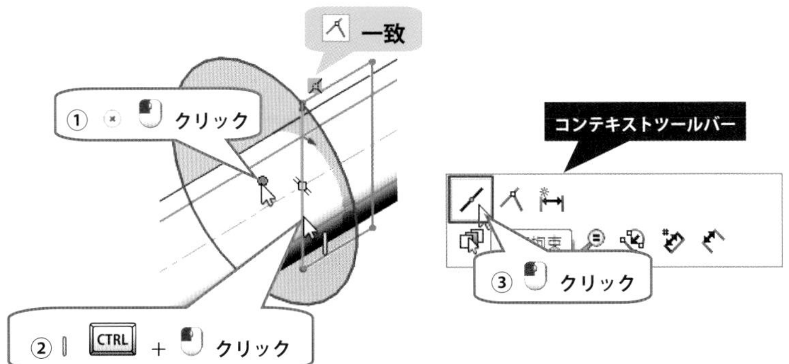

9. Command Manager【**フィーチャー**】タブの [**押し出しボス／ベース**] を クリック。

10. 下図に示す**レイアウトスケッチ**の●**コーナー**を クリックし、 [**OK**] ボタンを クリック。

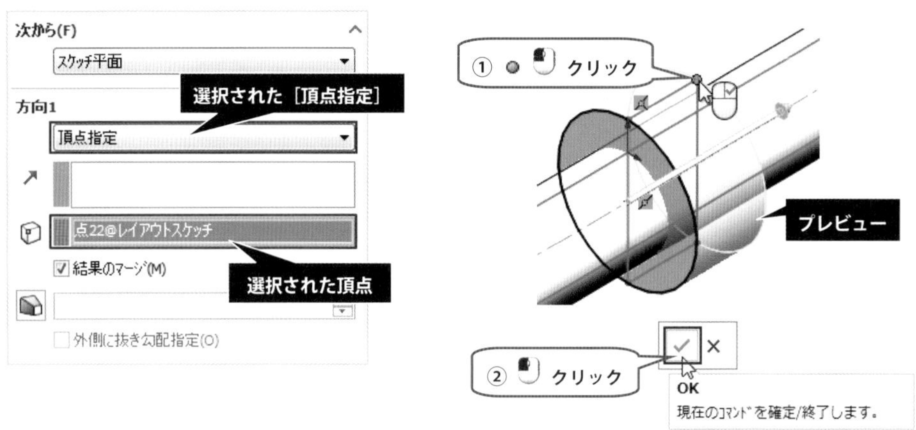

11. フィーチャーの名前を＜**シャフト D10**＞に**変更**します。

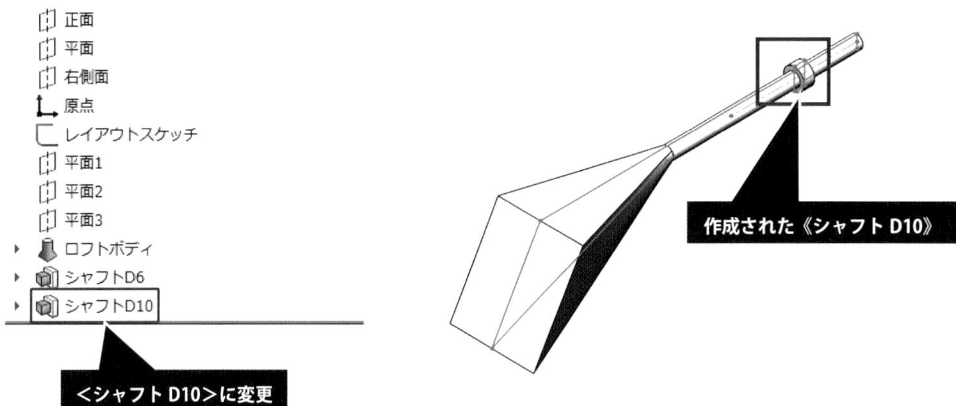

12. グラフィックス領域または Feature Manager デザインツリーから《**レイアウトスケッチ**》を クリックし、**コンテキストツールバー**より [**非表示**] を クリック。

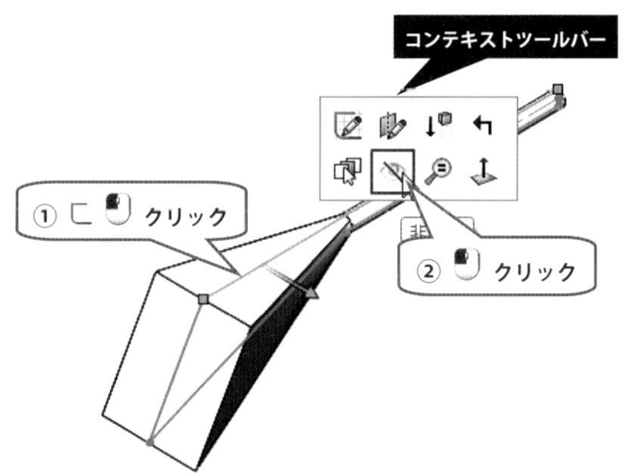

9.2.6　*可変サイズフィレット*

［**可変サイズフィレット**］は、フィレットエッジ沿いに表示される個々の頂点（インスタンス）に半径を指定して**可変するフィレット**を作成します。

1. Command Manager または**ショートカットツールバー**より［**フィレット**］を クリック。

2. 「**フィレットタイプ**」より［**可変サイズフィレット**］を クリックし、下図に示す **直線エッジ**を クリック。

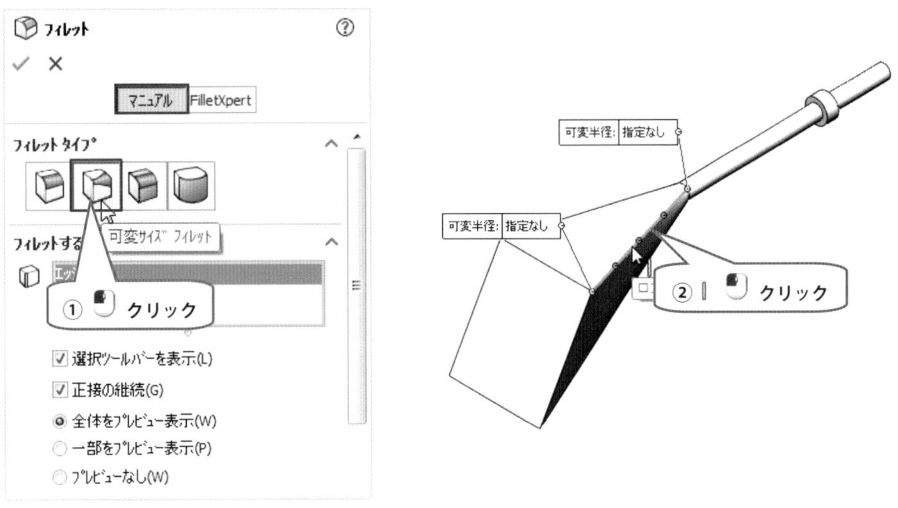

3. 選択した **直線エッジの両端点**に 可変半径: 指定なし が表示されます。
下図に示す 可変半径: 指定なし の「**指定なし**」の部分を クリックし、<5 ENTER>と 入力。
フィレットのプレビューが更新されます。可変半径: 指定なし は ドラッグすると移動できます。

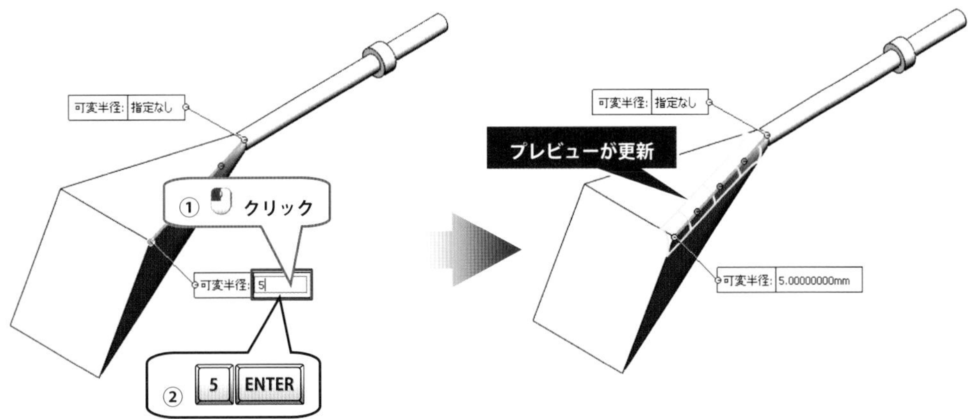

4. **反対側**の**端点**の**半径**を設定します。

下図に示す 可変半径: 指定なし の「**指定なし**」の部分を クリックし、< 0 ENTER >と 入力。

フィレットのプレビューが更新されます。

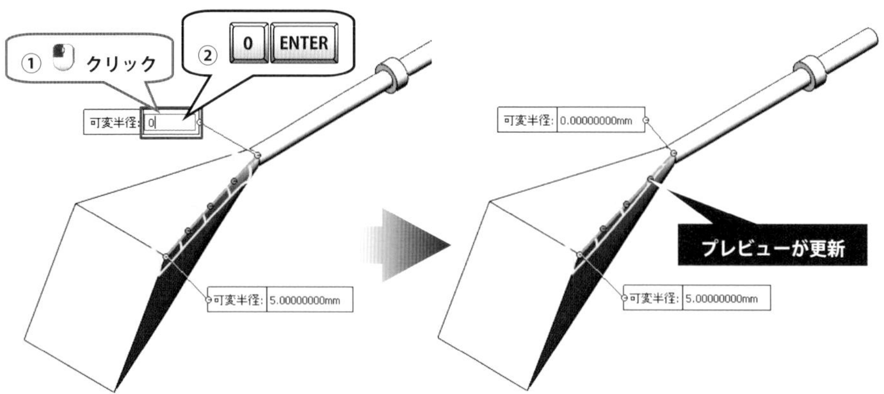

5. 下図に示す**3つ**の **直線エッジ**にも同様の方法で ［**可変サイズフィレット**］を指定します。

可変半径: 指定なし の位置は「」**プッシュピン**で**固定**できます。

プレビューを確認して ［**OK**］ボタンを クリック。

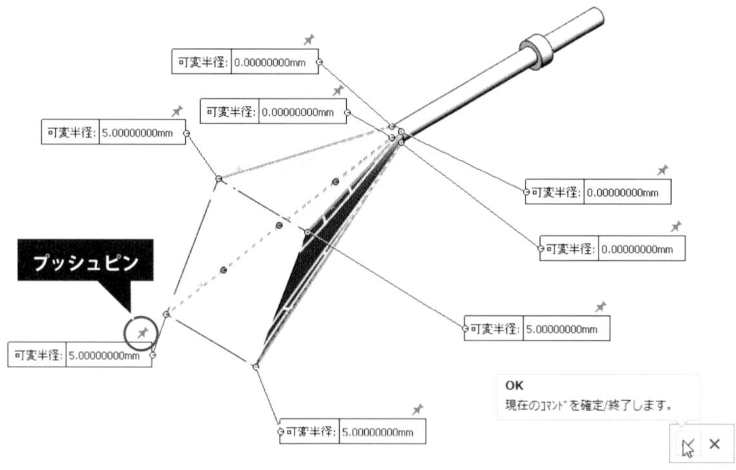

6. フィーチャーの名前を<**可変フィレット R5-0**>に**変更**します。

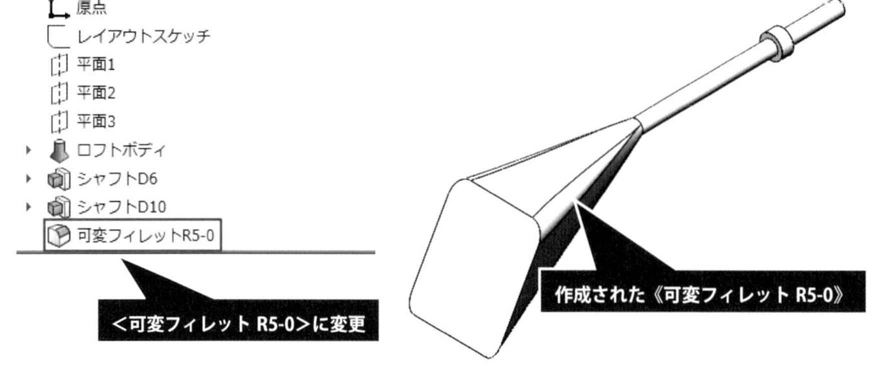

7. Feature Manager デザインツリーから《 **材料<指定なし>**》を 右クリックし、
メニューより ［**材料編集（A)**］を クリック。

8. 『**材料**』ダイアログが表示されるので［ **solidworks materials**］>［ **アルミ合金**］を◢**展開**し、
［ **1060 合金**］を クリック。 適用(A) 、 閉じる(C) を クリック。

9. 任意の ［**外観**］を設定し、 ［**保存**］にて上書き保存をします。
これで｛ **テールブーム**｝部品の完成です。ウィンドウ右上の × を クリックして閉じます。

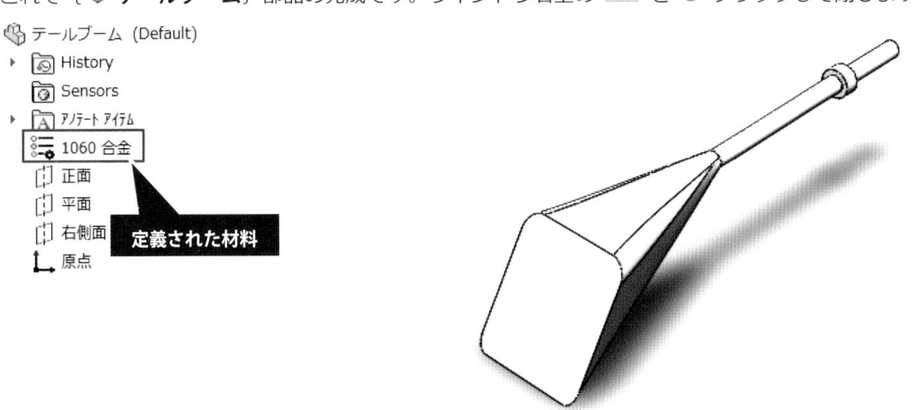

（※完成モデルはダウンロードフォルダー｛ **Chapter9**｝に保存されています。）

エッジ上の赤い丸「●」は**インスタンス**を意味し、これを クリックすると R: 指定なし P: 50.00% が表示されます。
「R：指定なし」は**インスタンスの半径値**、「P：50.00%」は**インスタンスの位置**（比率）を指定します。
インスタンス数の初期値は<3>ですが、Property Manager の「**インスタンス数**」にて変更できます。

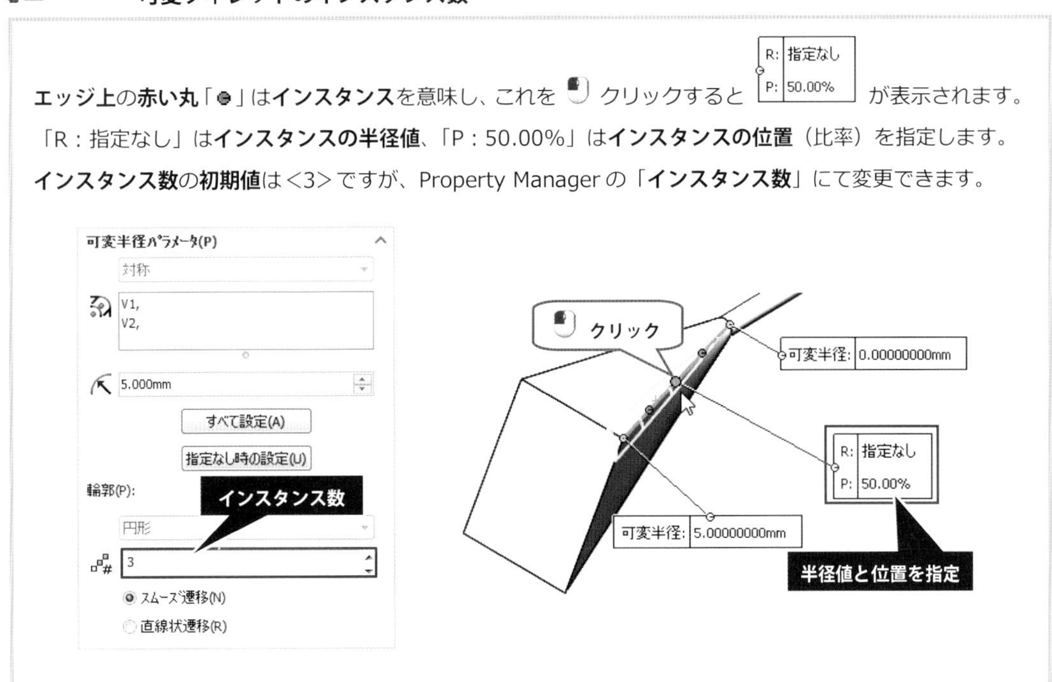

POINT 可変フィレットの遷移

「**スムーズ遷移**」は、1つの半径から次の半径へ変更する際、フィレットは隣接する面に合わせて**スムーズ**にフィレットが作成されます。
「**直線状遷移**」は、1つの半径から次の半径へ変更する際、フィレットは隣接する面に対して**直線的**にフィレットが作成されます。

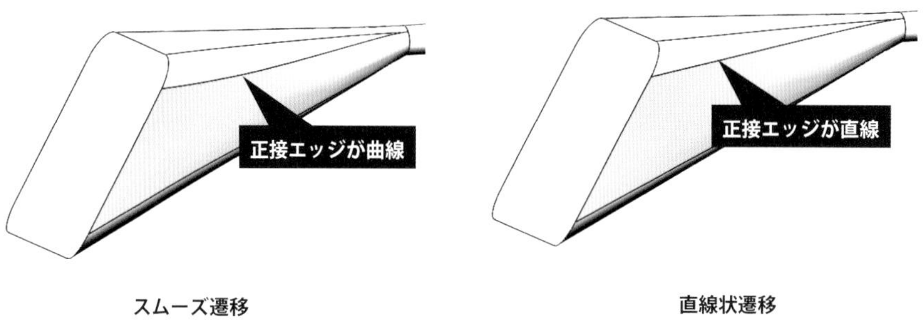

スムーズ遷移　　直線状遷移

POINT 正接エッジの表示設定

表示スタイルが［**隠線なし**］、［**隠線表示**］、［**エッジシェイディング**］のときに**正接エッジがどのように表示されるか**をコントロールできます。

メニューバーの［**表示**］＞［**表示タイプ**］より［**正接エッジ表示**］、［**正接エッジを想像線で表示**］、［**正接エッジ削除**］のいずれかを選択します。**標準**では［**正接エッジ表示**］が選択されています。

面が隣接する面に対して**正接になっているか視覚的に確認したい**ときは［**正接エッジ削除**］を選択します。

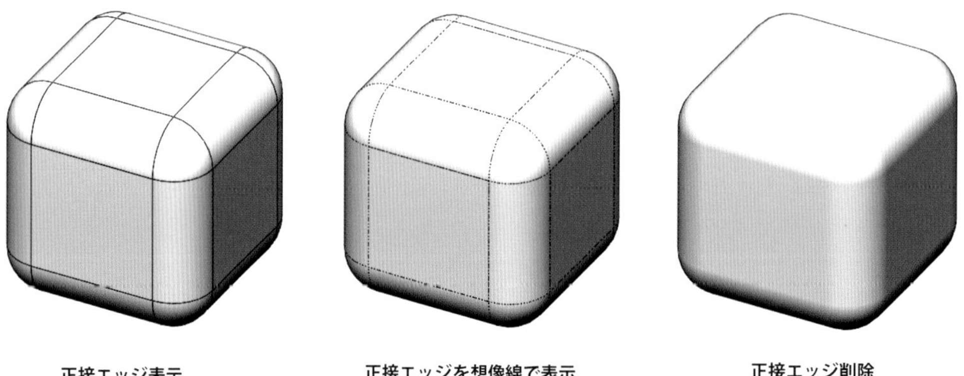

正接エッジ表示　　正接エッジを想像線で表示　　正接エッジ削除

9.3 テールローターを作成する

ヘリコプターの構成部品｛ **テールローター**｝を新規部品として作成します。

9.3.1 準備

新規部品ドキュメントを作成し、名前を付けて保存します。

1. **標準ツールバー**の ［**新規**］を クリック。
2. 『**新規 SOLIDWORKS ドキュメント**』ダイアログが表示されます。

3. 画面右下の**ステータスバー**で**単位系**を［**MMGS**］に設定します。
   現在の単位系を クリックし、表示されるリストから［**MMGS（mm、g、秒）**］を クリック。
4. **標準ツールバー**の ［**保存**］を クリック。
5. 『**指定保存**』ダイアログが表示されます。**保存先フォルダー**を｛ **ヘリコプター**｝にし、「**ファイル名**」に
   <**テールローター**>と 入力。 保存(S) を クリック。

9.3.2 センターボスを作成する

基準となるソリッドボディを ［**回転ボス／ベース**］を使用して作成します。

1. Feature Manager デザインツリーから《 **正面**》を クリックし、**コンテキストツールバー**より
   ［**スケッチ**］を クリック。
2. ［**直線**］、 ［**スケッチ面取り**］を使用して下図の**閉じた輪郭**を作成します。
   ［**一致拘束**］、 ［**水平拘束**］、 ［**鉛直拘束**］を自動または手動にて追加します。
   ［**中心線**］を使用いて原点に一致する水平な作図線を作成します。
   ［**スマート寸法**］にて **寸法**を記入して**完全定義**させます。

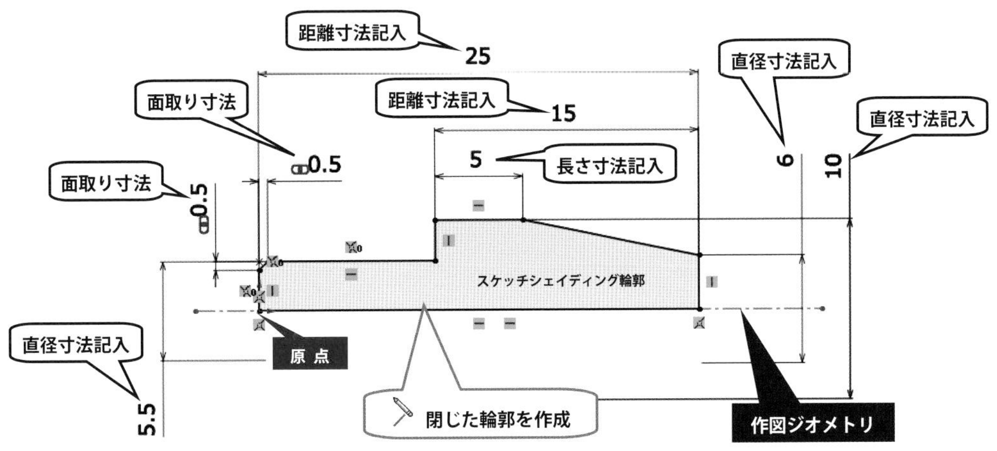

3. Command Manager【**フィーチャー**】タブより ［**回転ボス／ベース**］を クリック。

4. Property Manager に「 **回転**」が表示されます。

「**回転軸**」は作図ジオメトリ（中心線）が自動的に選択されます。

「**回転のタイプ**」が［**ブラインド**］、「**方向１角度**」が<3 6 0>に設定されています。

プレビューを確認して ［**OK**］ボタンを クリック。

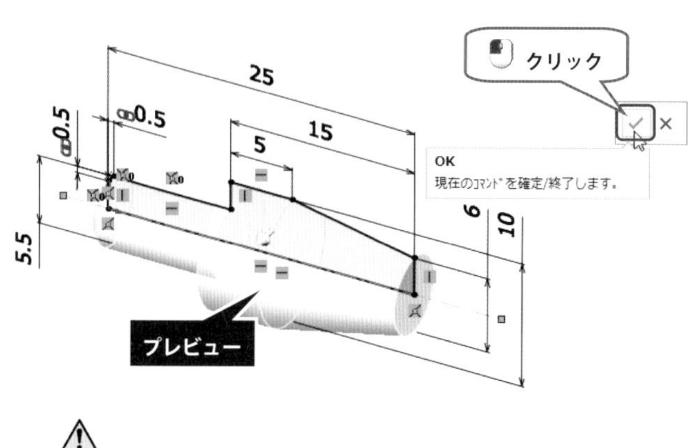

作図ジオメトリがない、または作図ジオメトリが複数ある場合には、「**回転軸**」は自動選択されません。

5. フィーチャーの名前を<**センターボス**>に**変更**します。

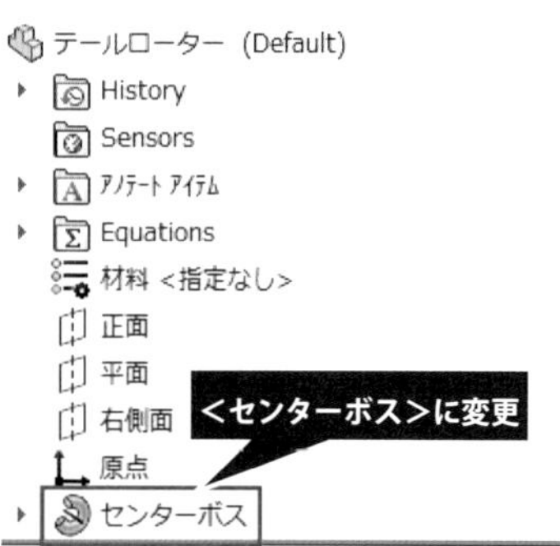

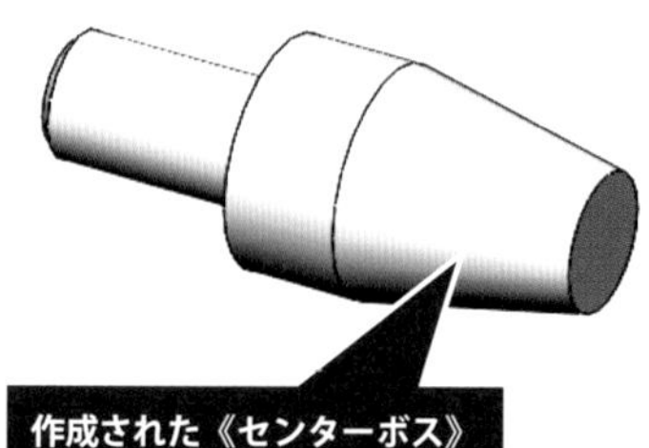

9.3.3 曲率保持したフィレット

「**曲率保持**」オプションは、**隣接する面からスムーズな曲率のフィレット面**を作成します。

1. Command Manager【**フィーチャー**】タブの［**フィレット**］をクリック。

2. 「**フィレットタイプ**」より［**固定サイズフィレット**］をクリック。

   「**半径**」に<3 ENTER>と入力し、「**輪郭**」より［**曲率保持**］を選択します。

   下図の**円形エッジ**をクリックし、［**OK**］ボタンをクリック。

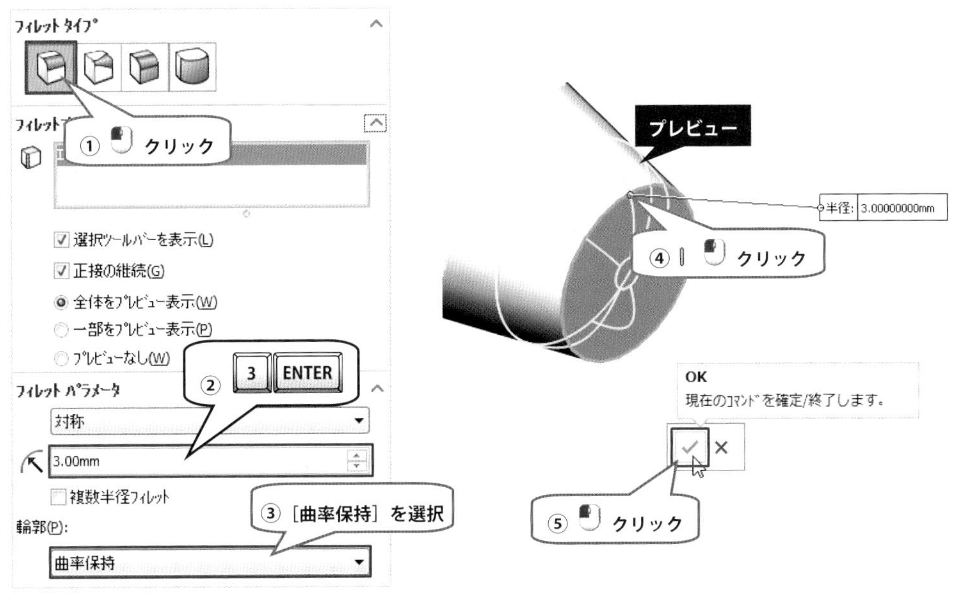

SOLIDWORKS2015 までのバージョンは、［固定サイズフィレット］に［曲率保持］がありません。
［面フィレット］の［曲率保持］を使用してください。

3. フィーチャーの名前を<**曲率フィレット R3**>に**変更**します。

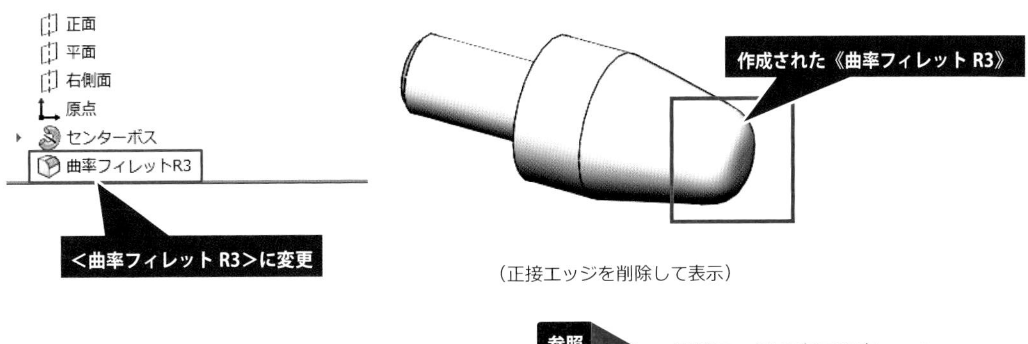

（正接エッジを削除して表示）

参照 正接エッジの表示設定 (P46)

POINT 曲率表示

曲面の曲率は、【**評価**】タブの［**曲率表示**］にてグラフィックス領域で確認できます。

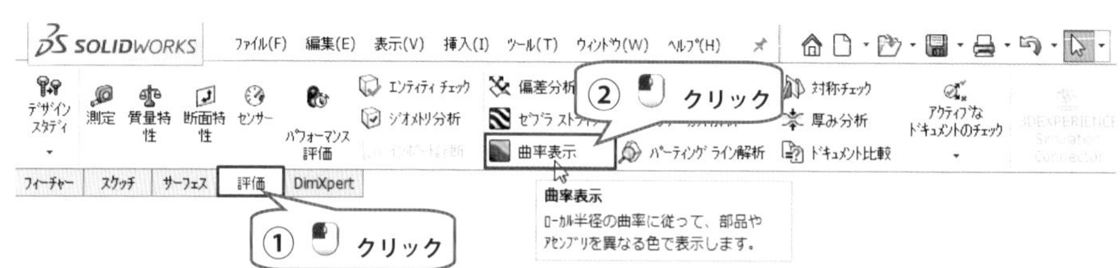

グラデーションがかかっている箇所は、**曲率**が**スムーズに遷移**していることを意味しています。
カーソルを面上に移動すると**曲率値**と**半径値**が表示されます。

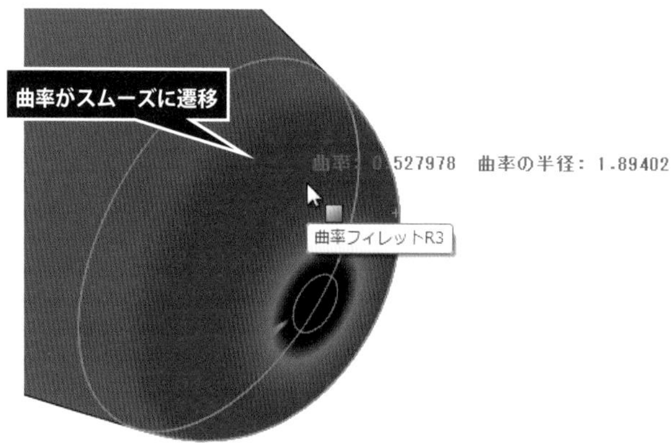

「**輪郭**」より［**円形**］を選択してフィレットを作成すると、下図のようにグラデーションは無くなります。
隣り合う面とは正接ですが、曲率は滑らかに変化しません。

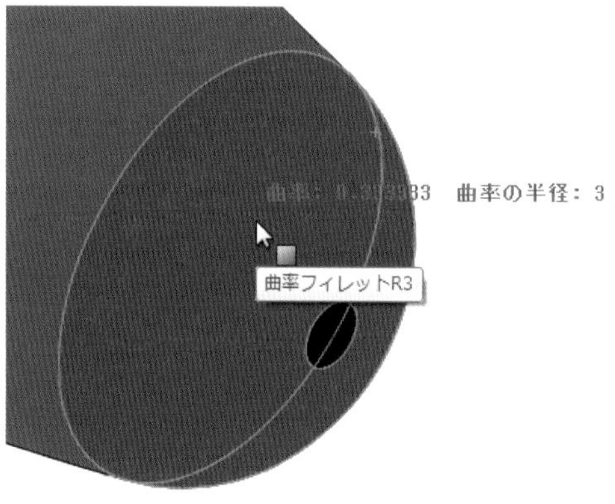

9.3.4　ねじれた形状の作成（ロフト）

［**ロフト**］を使用して**ねじれた形状**（羽）を作成します。

オフセット平面

ロフトの輪郭スケッチを作成するための**参照平面**を作成します。

選択した平面から**指定した距離をオフセットした位置**に**参照平面**を作成します。

1. Feature Manager デザインツリーより《**正面**》を クリックし、**コンテキストツールバー**より ［**表示**］を クリック。

2. グラフィックス領域より《**正面**》を 右クリックし、メニューより［**自動サイズ（G）**］を クリック。
（※［**自動サイズ**］が既に実行されている場合は、右クリックメニューに表示されません。）

3. Command Manager または**ショートカットツールバー**より ［**平面**］を クリック。

4. 「**第 1 参照**」として、グラフィックス領域より《**正面**》を クリック。
「**オフセット距離**」に <3 5 ENTER> と 入力。
「**オフセット方向反転**」をチェック ON（☑）にすると**平面**の位置を**反転**できます。
Z 軸側にプレビューされていることを確認し、［**OK**］ボタンを クリック。

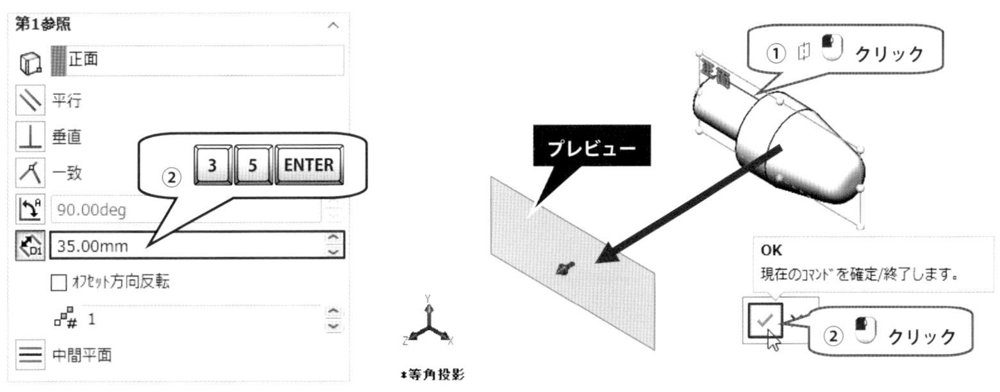

5. Feature Manager デザインツリーに《**平面 1**》が追加されます。
この **参照平面**は、《**正面**》に**平行**で **Z 軸プラス側 35mm オフセットした位置**にあります。

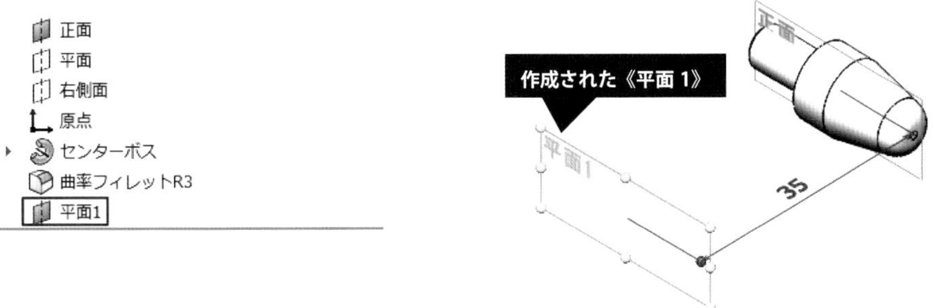

6. 《**正面**》と《**平面 1**》を クリックし、**コンテキストツールバー**より ［**非表示**］を クリック。

羽の作成（ねじれたロフト）

《正面》と《平面 1》にロフトの**輪郭スケッチ**を作成し、これを使用して［**ロフト**］で**ねじれた形状**を作成します。

輪郭 1 の作成

1. Feature Manager デザインツリーから《**正面**》を クリックし、**コンテキストツールバー**より［**スケッチ**］を クリック。

2. ［**アイテムに鉛直**］（CTRL + 8ゆ）にて《**正面**》を正面に向けます。

3. Command Manager【**スケッチ**】タブの［**矩形中心**］を クリックし、下図に示す位置に**長方形**を作成します。**矩形**の**中心点**は、**原点**に対し**水平**にするために［**水平**］の幾何拘束を**手動**にて追加します。［**スマート寸法**］にて矩形の大きさ（直線の**長さ寸法**）と**位置寸法**（センターボスの端辺から矩形中心までの水平方向の距離）、**角度寸法**を**記入**します。(※下図の赤色の中心線は表示されません。)

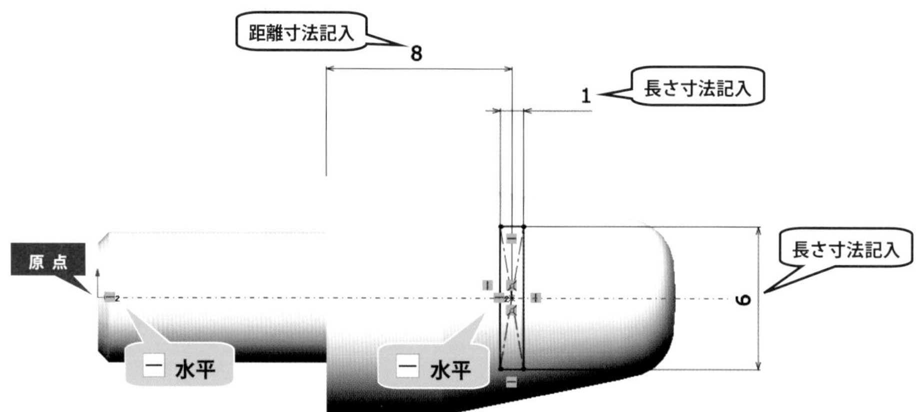

4. ［**スケッチ終了**］を クリックしてスケッチを終了します。

5. スケッチの名前を<**輪郭 1**>に**変更**します。
   ［**等角投影**］で《**輪郭 1**》が《**正面**》に作成されていることを確認します。

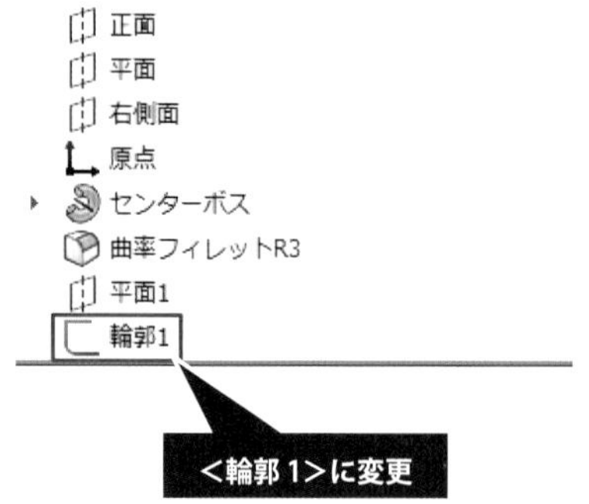

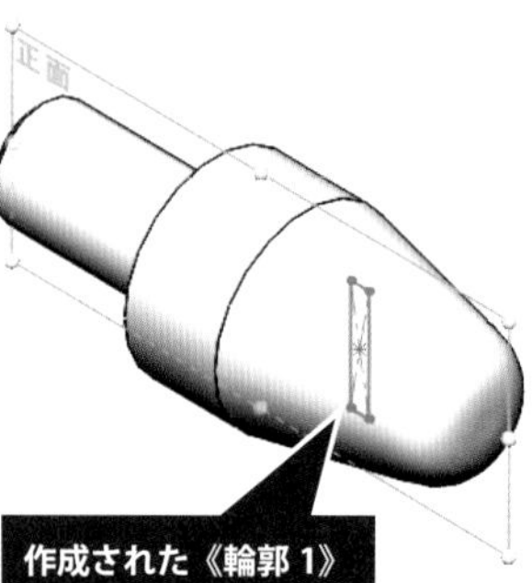

輪郭 2 の作成

1. Feature Manager デザインツリーから《平面 1》を クリックし、**コンテキストツールバー**より［**スケッチ**］を クリック。

2. ［**アイテムに鉛直**］(CTRL + 8) にて《平面 1》を正面に向けます。

3. Command Manager【**スケッチ**】タブの［**矩形コーナー**］横の を クリックして**展開**し、［**3 点矩形中心**］を クリック。
   または**ショートカットツールバー**より［**3 点矩形中心**］を クリック。

4. **矩形**の**□中心点**を指定した後に矩形の**大きさ**と**角度**を指定します。
   ［**垂直拘束**］と［**平行拘束**］が自動的に追加されます。

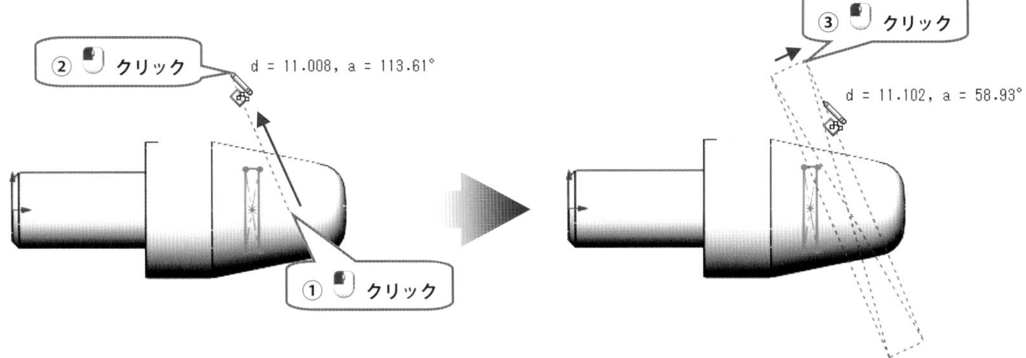

5. **矩形**の**□中心点**は、**原点**に対し**水平**にするために［**水平拘束**］を**手動**にて追加します。
   ［**スマート寸法**］にて矩形の大きさ（直線の**長さ寸法**）と**位置寸法**（センターボスの端辺から矩形中心までの水平方向の距離）、**角度寸法**を**記入**します。（※下図の赤色の中心線は表示されません。）

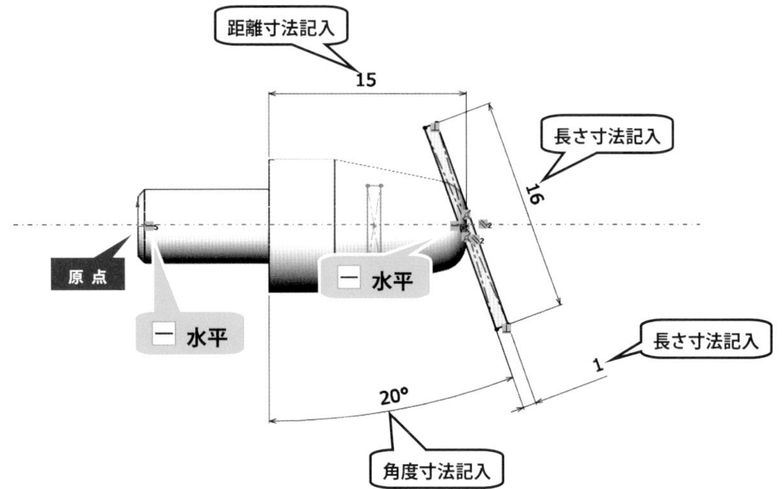

6. ［**スケッチ終了**］を クリックしてスケッチを終了します。

7. スケッチの名前を<**輪郭 2**>に**変更**します。

[**等角投影**]で《輪郭 2》が《平面 1》に作成されていることを確認します。

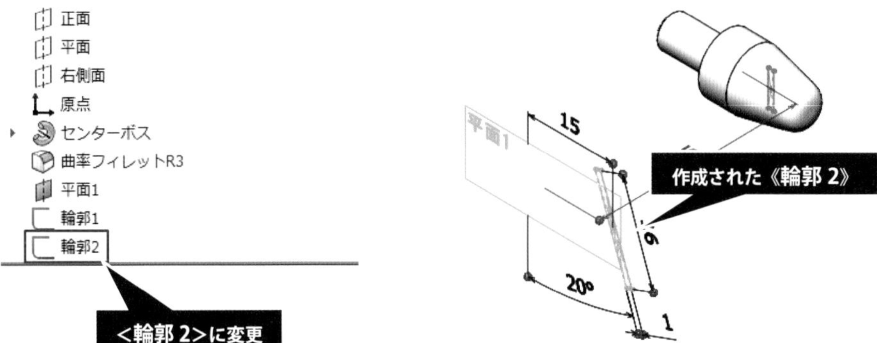

ロフトの作成

8. Command Manager【**フィーチャー**】タブより [**ロフト**]を クリック。

9. 《**輪郭 1**》と《**輪郭 2**》をグラフィックス領域より クリック。(**長方形の同じ箇所**を クリック。)

プレビューを確認し、 [**OK**]ボタンを クリック。

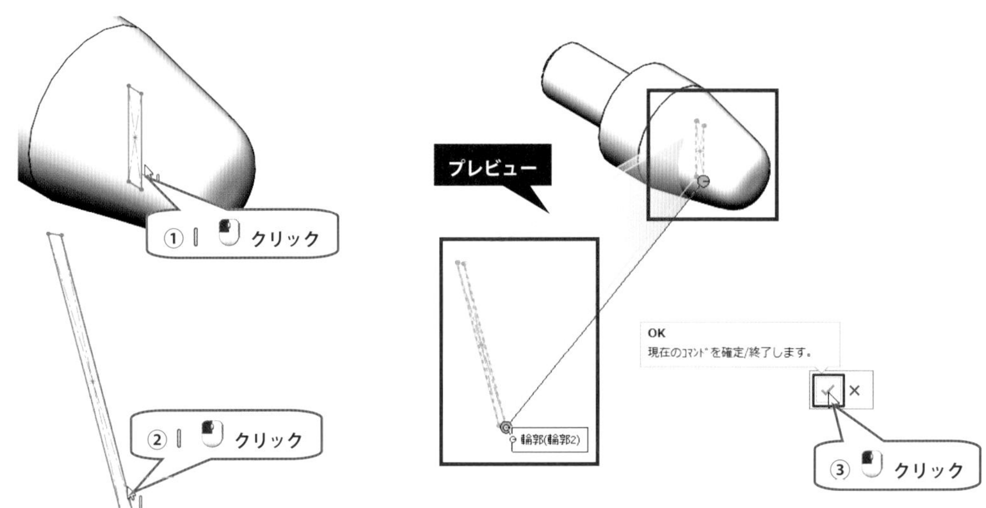

10. フィーチャーの名前を<**羽**>に**変更**します。

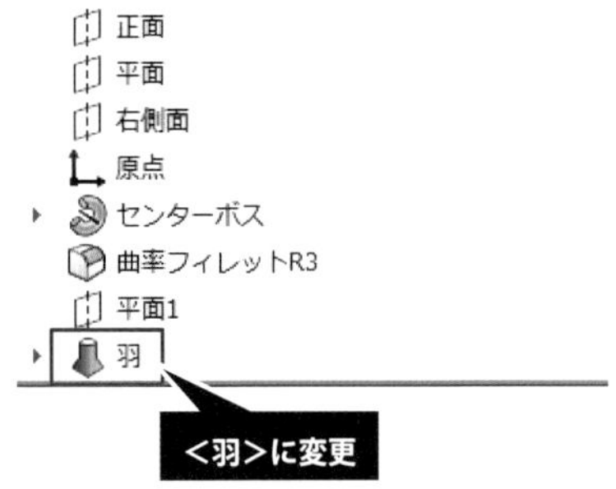

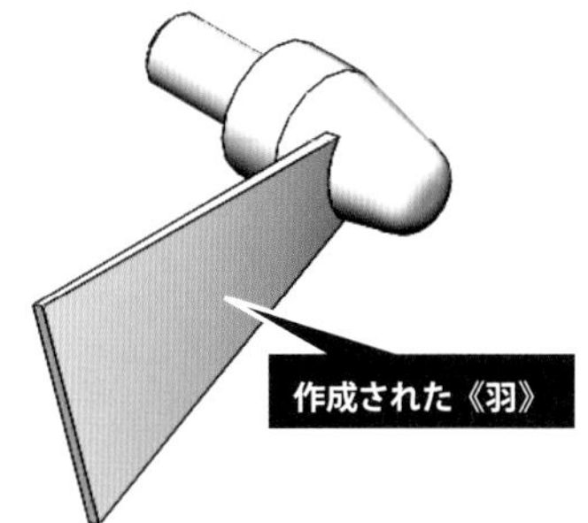

9.3.5　フルラウンドフィレットの使用

［**フルラウンドフィレット**］は、**隣接する３つの面セット**に**正接**する**フィレット**を作成します。

1. Command Manager【**フィーチャー**】タブの［**フィレット**］を クリック。

2. 「**フィレットタイプ**」の［**固定サイズフィレット**］を クリック。
   「**半径**」に<5 ENTER>と入力し、「**輪郭**」より［**円形**］を選択します。
   下図の２つの **直線エッジ**を クリックし、プレビューを確認して［**OK**］ボタンを クリック。

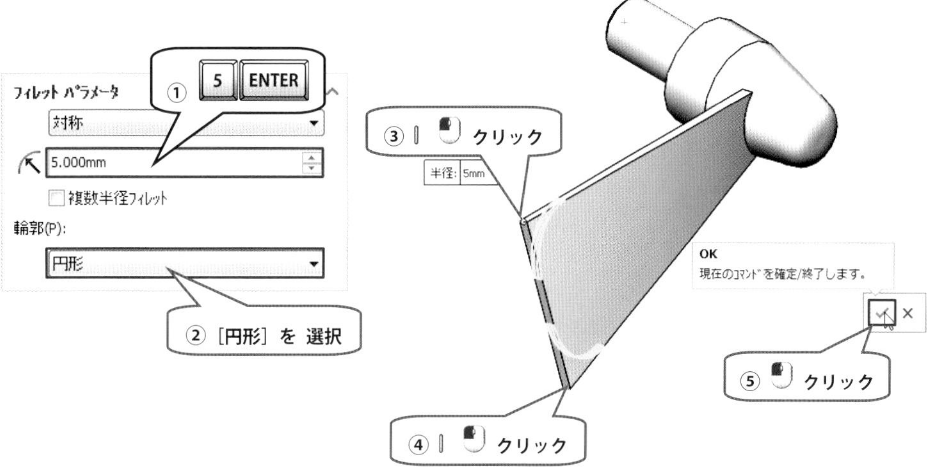

3. フィーチャーの名前を<**羽フィレット R5**>に**変更**します。

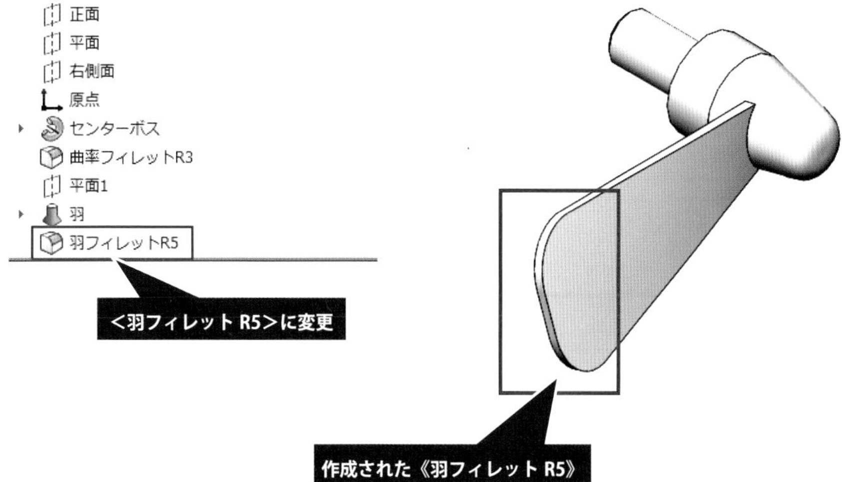

4. Command Manager【**フィーチャー**】タブの [**フィレット**] を クリック。

5. 「**フィレットタイプ**」の [**フルラウンドフィレット**] を クリック。

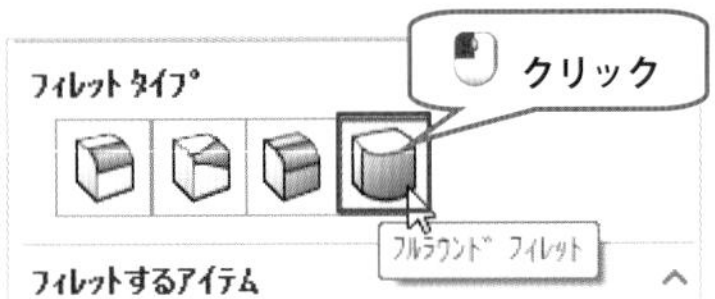

6. フィレット面が**隣接**する３つの **面**を選択していきます。

「**面のセット 1**」の**選択ボックス**が**アクティブ**になっているので、下図に示す **面**を クリック。

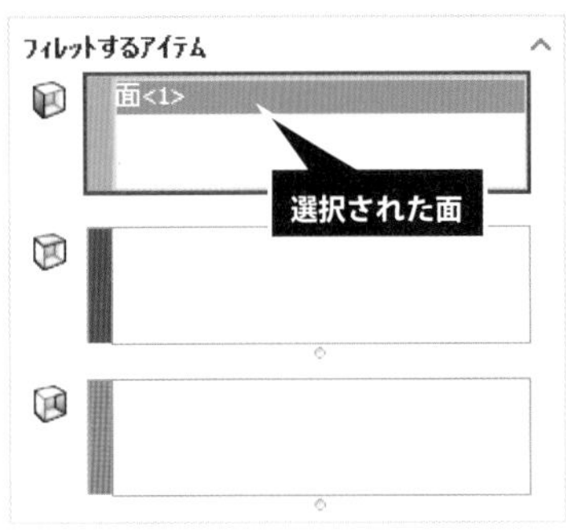

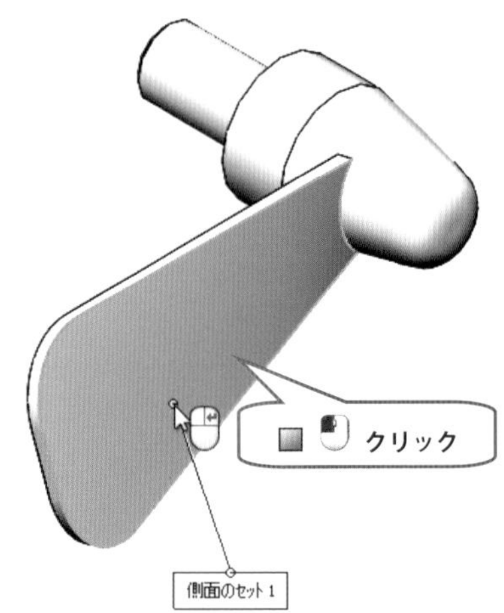

7. 「**中央の面のセット**」の**選択ボックス**を**アクティブ**にし、下図に示す **5 つ**の **面**を クリック。

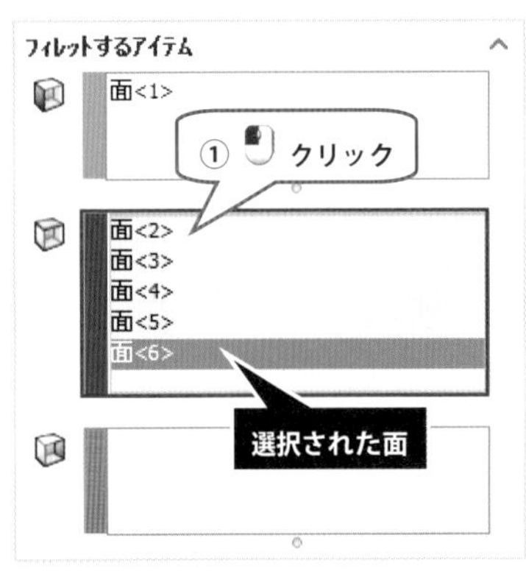

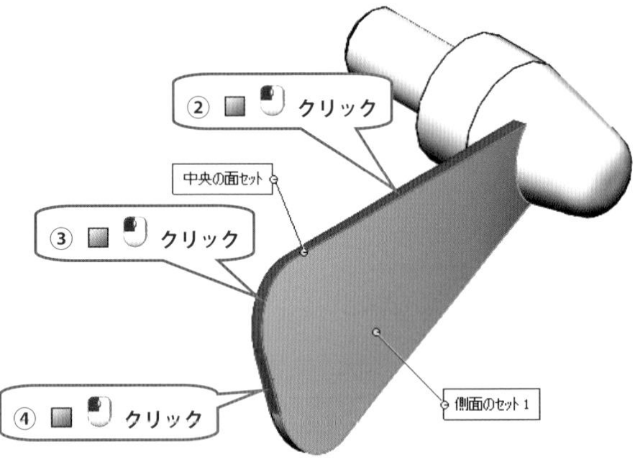

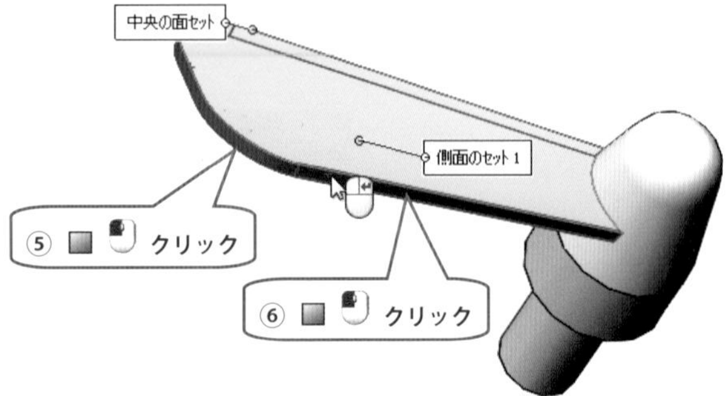

8. 「**面のセット 2**」の**選択ボックス**を**アクティブ**にし、下図に示す **面**を クリック。
プレビューを確認して ［**OK**］ボタンを クリック。

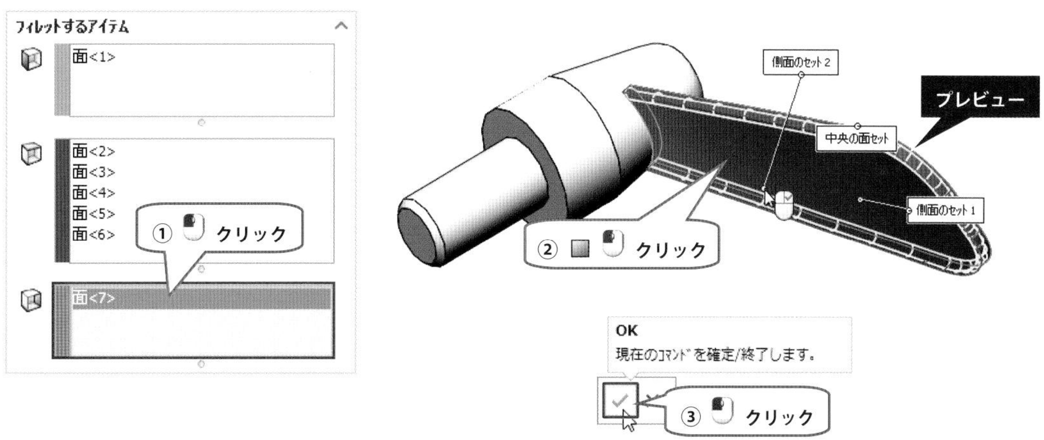

⚠ 指定した面が隣接していないと、フィレット面は作成できません。

9. フィーチャーの名前を <**羽フルラウンドフィレット**> に**変更**します。
下図は正接エッジを削除して表示しています。

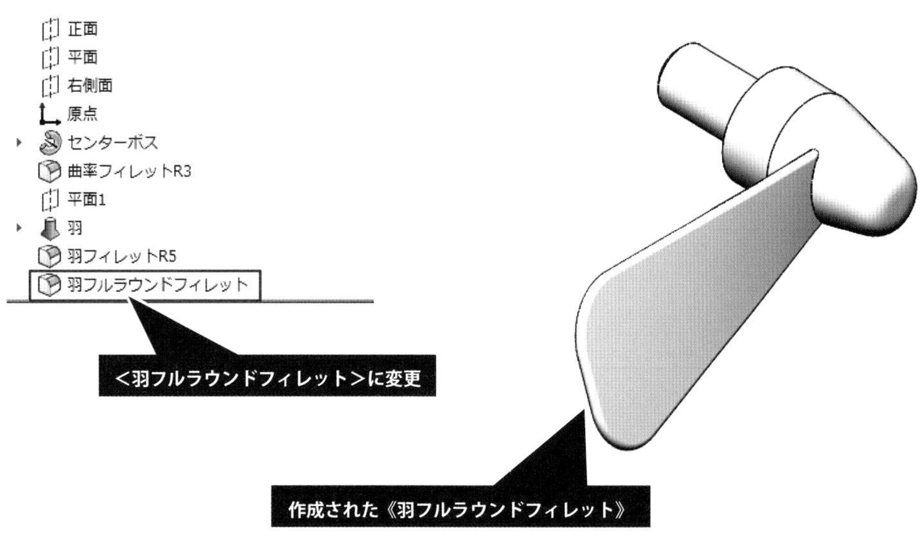

参照 正接エッジの表示設定 (P46)

POINT 順次選択

[**順次選択**] は、**隠れている面やエンティティ**を**選択**できるツールです。

1. グラフィックス領域で**隠れている** **面**や**エンティティ**がある近くで 右クリックし、メニューより [**順次選択**] を クリック。

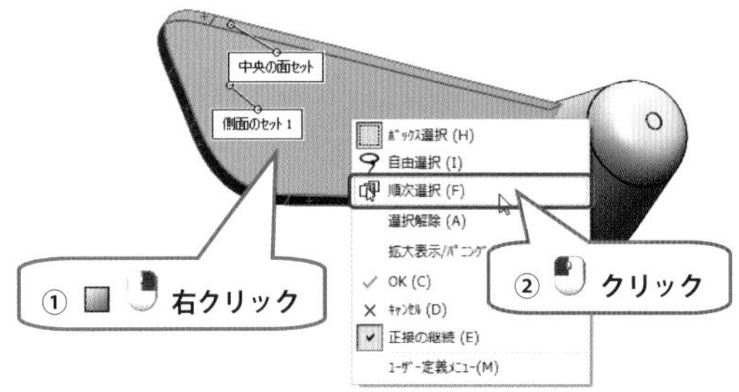

2. カーソルが に変わり、カーソルの下にある **面**や**エンティティ**が『**順次選択**』ボックスに表示されます。ここから**指定のエンティティ**を クリックして選択します。

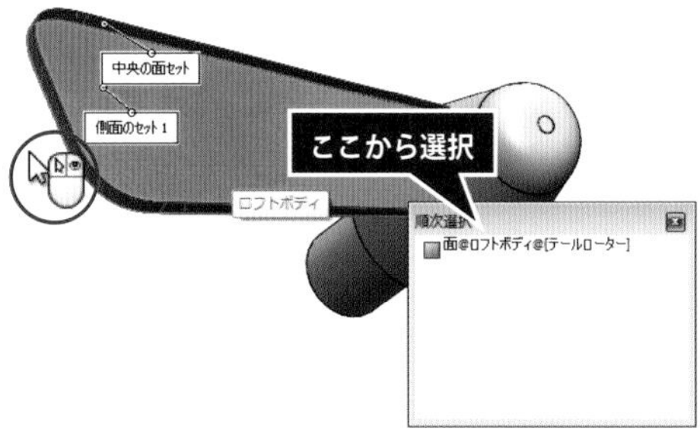

3. モデルの **面**を 右クリックすると**一時的に非表示**にします。

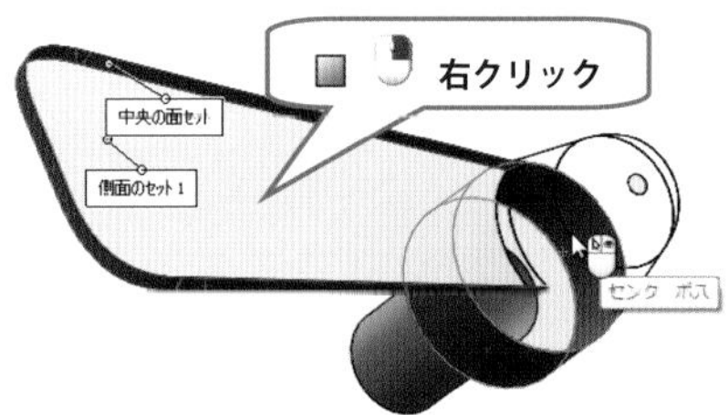

9.3.6 羽をコピーする（円形パターン）

［**円形パターン**］を使用して**羽をコピー**します。

1. Command Manager【**フィーチャー**】タブの［**直線パターン**］下の を クリックして**展開**し、［**円形パターン**］を クリック。

2. 「**パターン化するフィーチャー**」は、**フライアウトツリー**を▾**展開**し、《**羽**》、《**羽フィレット R5**》、《**羽フルラウンドフィレット**》を１つずつ クリックして選択します。
   「**パターン軸**」は下図に示す**円筒面**を クリックして選択します。
   「**インスタンス数**」に<3 ENTER>と入力。
   プレビューを確認し、［**OK**］ボタンを クリック。

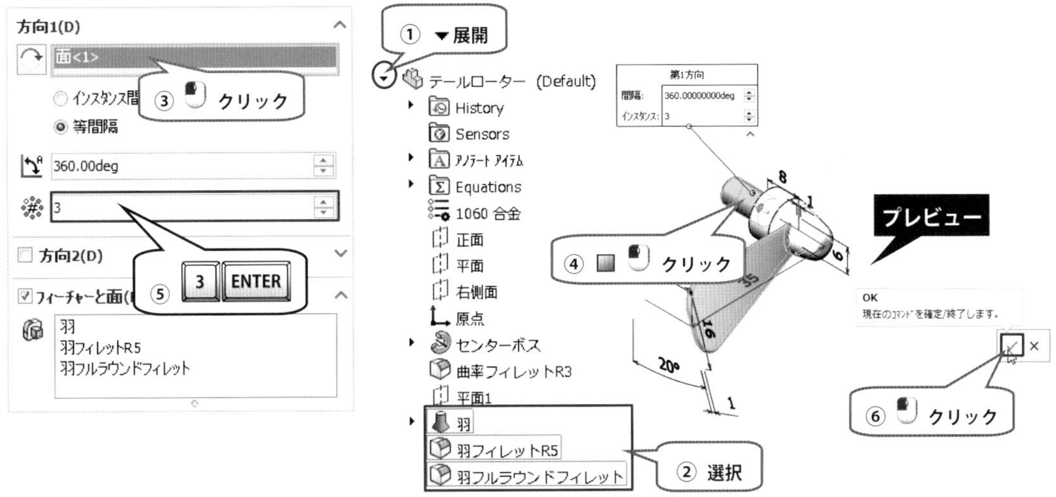

3. フィーチャーの名前を<**羽コピー**>に**変更**します。

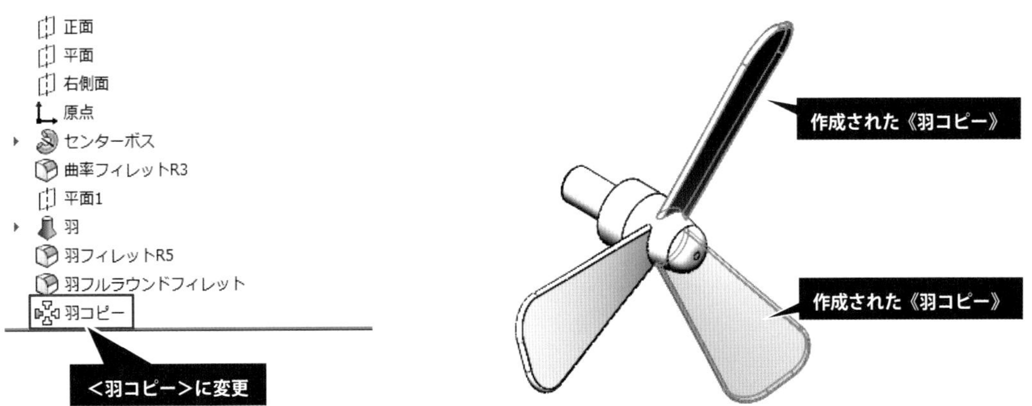

4. Feature Manager デザインツリーから《**材料<指定なし>**》を 右クリックし、
メニューより［**材料編集（A）**］を クリック。

5. 『**材料**』ダイアログが表示されるので［**solidworks materials**］＞［**アルミ合金**］を**展開**し、
［**1060 合金**］を クリック。適用(A)、閉じる(C) を クリック。

6. 任意の［**外観**］を設定し、［**保存**］にて上書き保存をします。
これで｛**テールローター**｝部品の完成です。ウィンドウ右上の × を クリックして閉じます。

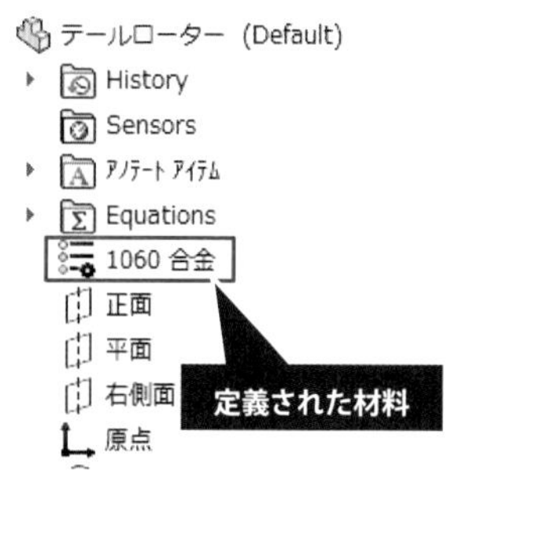

（※完成モデルはダウンロードフォルダー｛**Chapter9**｝に保存されています。）

Chapter10
ソリッドモデリング（4）

ヘリコプターのパーツ｛コントロールスティック｝｛スキッド｝を作成しながら
下記の機能の理解を深めます。

押し出しフィーチャー

- *薄板フィーチャー*

スイープフィーチャー

- *スイープ*

オペレーションフィーチャー

- *直線パターン*
- *ミラーパターン*

穴ウィザード

ドームフィーチャー

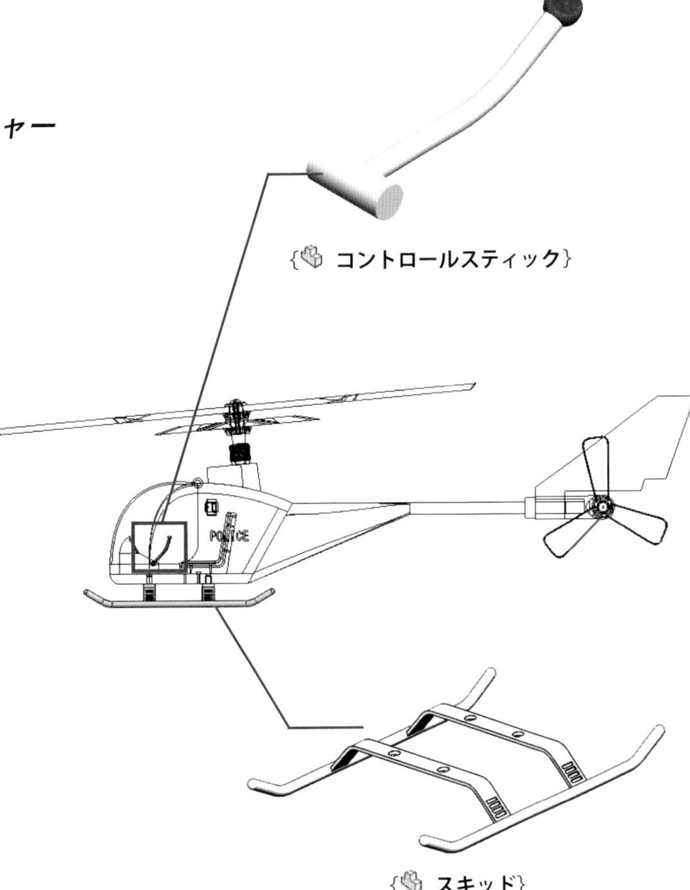

｛コントロールスティック｝

｛スキッド｝

10.1 コントロールスティックを作成する

ヘリコプターの構成部品｛ **コントロールスティック**｝を新規部品として作成します。

10.1.1　準備

新規部品ドキュメントを作成し、名前を付けて保存します。

1. **標準ツールバー**の ［**新規**］を クリック。

2. 『**新規 SOLIDWORKS ドキュメント**』ダイアログが表示されます。

ビギナー で ［**部品**］を クリックし、 OK を クリック。

3. 画面右下の**ステータスバー**で**単位系**を［**MMGS**］に設定します。
現在の単位系を クリックし、表示されるリストから［**MMGS（mm、g、秒）**］を クリック。

4. **標準ツールバー**の ［**保存**］を クリック。

5. 『**指定保存**』ダイアログが表示されます。
保存先フォルダーを｛ **ヘリコプター**｝にし、「**ファイル名**」に<**コントロールスティック**>と 入力。
保存(S) を クリック。

10.1.2　シャフトを作成する

基準となるソリッドボディを ［**押し出しボス／ベース**］を使用して作成します。

1. Feature Manager デザインツリーから《 **右側面**》を クリックし、**コンテキストツールバー**より ［**スケッチ**］を クリック。

2. Command Manager【**スケッチ**】タブの ［**円**］を クリックし、**原点**に○**円**を作成します。

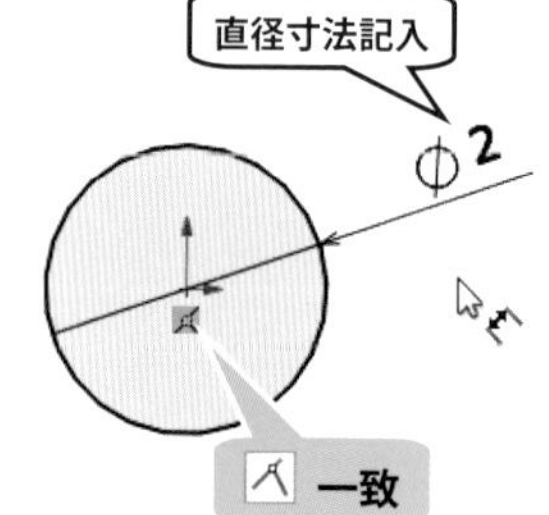

［**スマート寸法**］にて **直径寸法** <2>を記入します。

3. Command Manager【**フィーチャー**】タブの ［**押し出しボス／ベース**］を クリック。

4. 「**押し出し状態**」より［**中間平面**］を選択し、「**深さ／厚み**」に<5 ENTER>と入力。
プレビューを確認して［**OK**］ボタンをクリック。

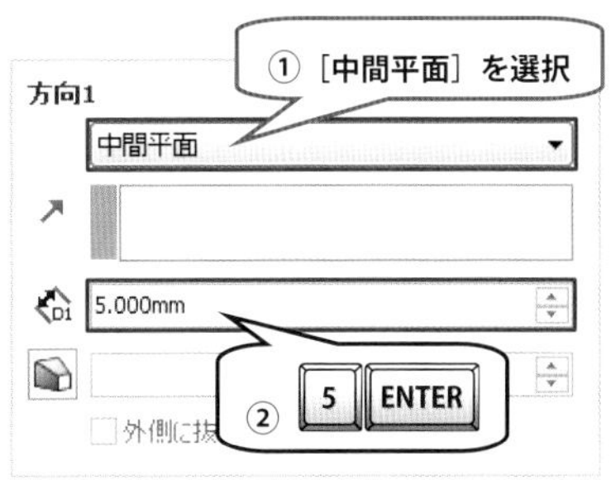

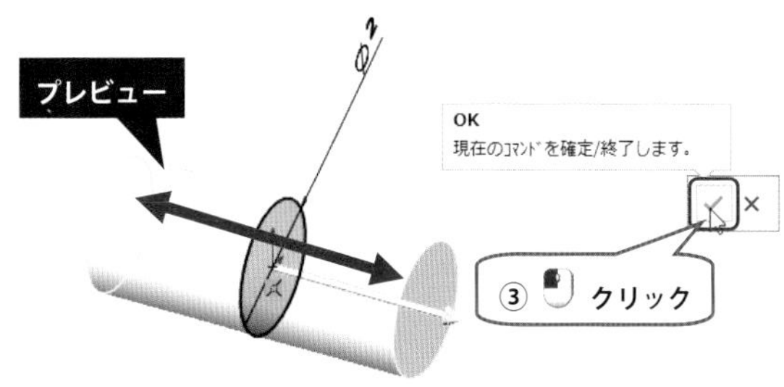

5. フィーチャーの名前を<**シャフト D5**>に**変更**します。

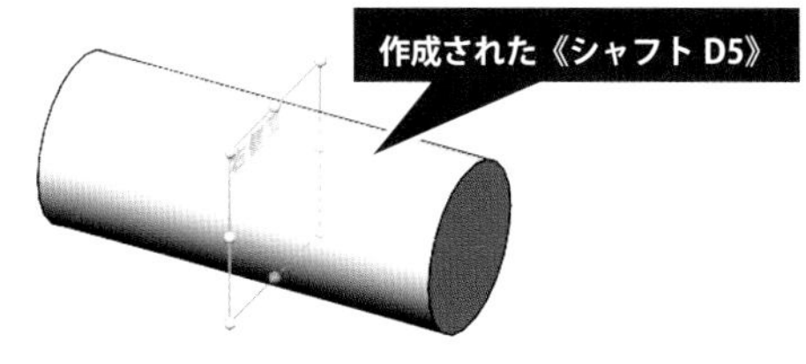

10.1.3 レバーを作成する（スイープ）

スイープフィーチャーは、パス（軌道）に沿って輪郭を移動してソリッドボディ、カットフィーチャー、サーフェスボディを作成します。［**スイープ**］を使用して**パイプを曲げたような形状**を作成します。

1. Feature Manager デザインツリーから《**正面**》をクリックし、**コンテキストツールバー**より［**スケッチ**］をクリック。

2. ［**円**］を使用して**原点**に**2つの円**（同心円）を作成します。
［**スマート寸法**］にて**直径寸法**<1>と<1.2>を記入して**完全定義**させます。

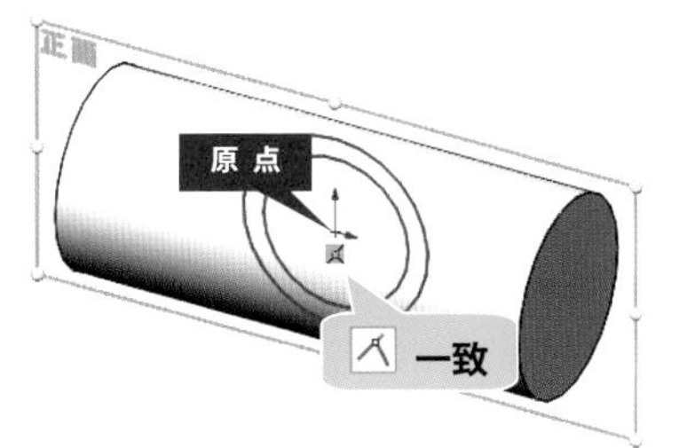

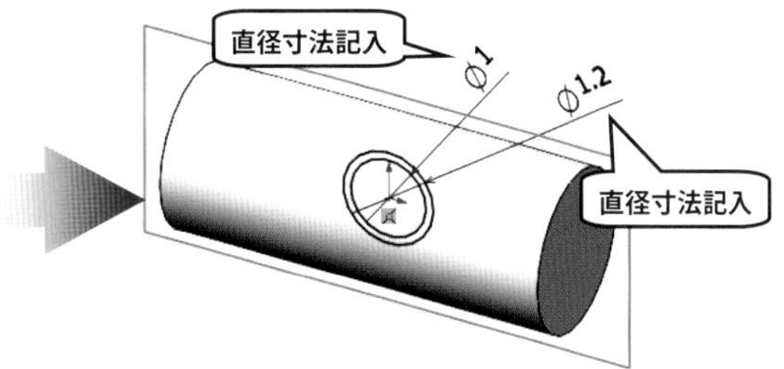

3. ［**スケッチ終了**］をクリックし、スケッチの名前を<**輪郭**>に**変更**します。

4. Feature Manager デザインツリーから《右側面》を クリックし、**コンテキストツールバー**より [**スケッチ**] を クリック。

5. [**アイテムに鉛直**] (CTRL + 8ゆ) にて《右側面》を正面に向けます。

6. [**直線**] を使用して下図の**開いた輪郭**を作成します。
[**一致拘束**] と [**水平拘束**] を自動または手動にて追加します。

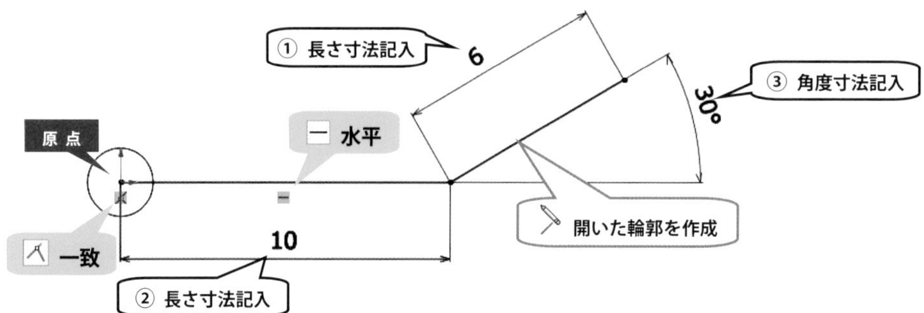

7. Command Manager または**ショートカットツールバー**より [**スケッチフィレット**] を クリック。

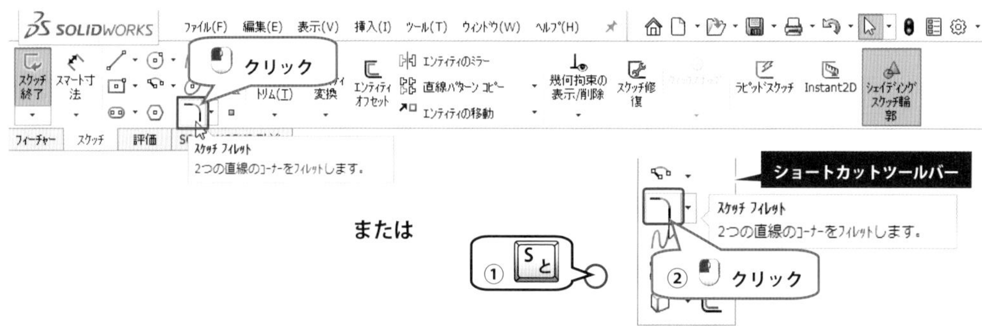

8. 「**フィレットパラメータ**」の 「**フィレット半径**」に<1 0 ENTER>と 入力。
下図に示す ● **コーナー**を クリックし、 [**OK**] ボタン をクリック。
半径寸法と [**正接拘束**] は [**スケッチフィレット**] で処理すると自動記入されます。

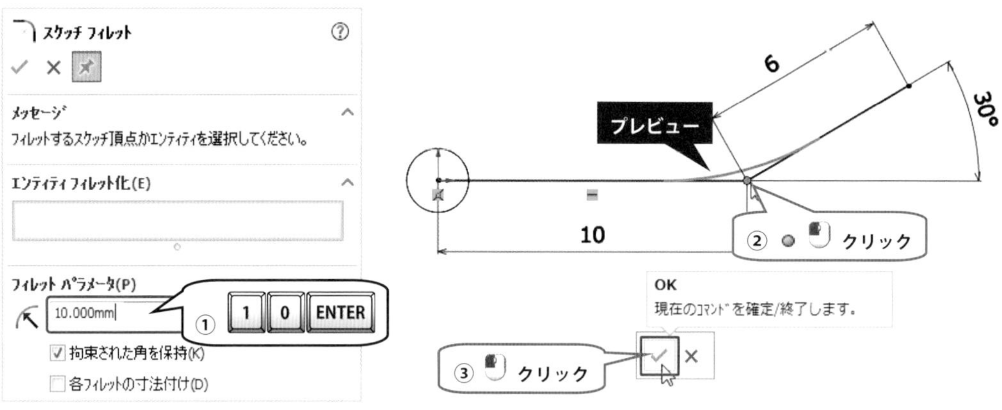

9. [**スケッチ終了**] を クリックし、スケッチの名前を <**パス**> に**変更**します。

10. [**表示方向**] から [**等角投影**] を クリック。ショートカットは CTRL + 7や。

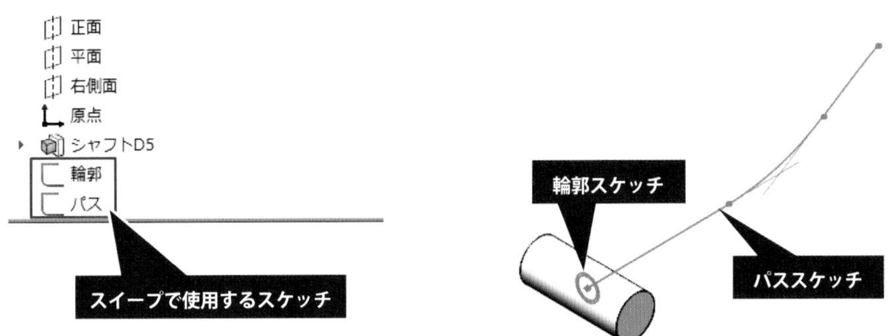

11. Command Manager 【**フィーチャー**】タブより [**スイープ**] を クリック。

またはショートカットツールバーより [**スイープ**] を クリック。

12. Property Manager に「**スイープ**」が表示されます。

「**輪郭**」の**選択ボックス**が**アクティブ**になっているので、グラフィックス領域より《**輪郭**》を クリックして選択します。

「**パス**」の**選択ボックス**が**アクティブ**になるので、グラフィックス領域より《**パス**》を クリックして選択します。「**プレビュー表示**」と「**結果のマージ**」はチェックON（☑）。

プレビューを確認して [**OK**] ボタンを クリック。

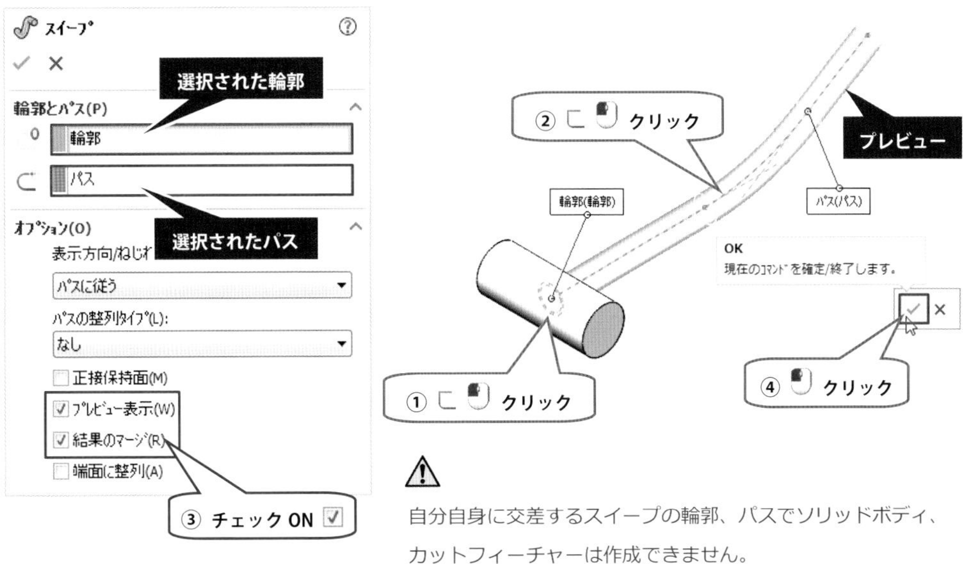

⚠

自分自身に交差するスイープの輪郭、パスでソリッドボディ、カットフィーチャーは作成できません。

13. フィーチャーの名前を<**パイプ OD1.2／ID1.0**>に**変更**します。

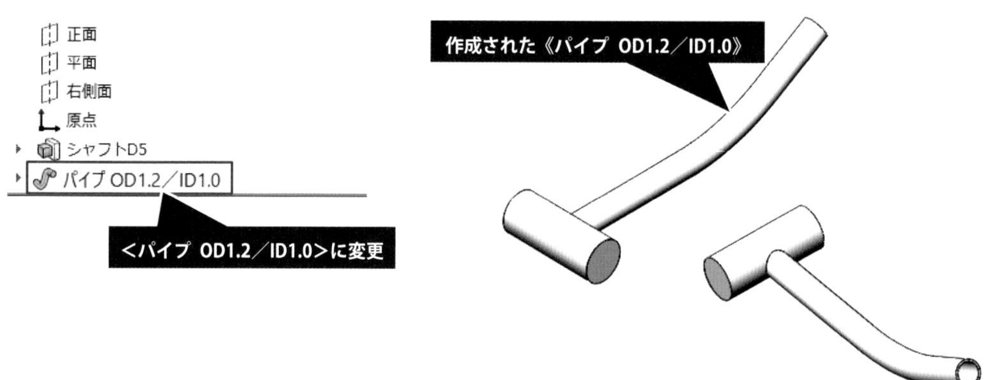

POINT 円形の輪郭

スイープ輪郭が**円形**の場合、「**円形の輪郭**」を選択することで**輪郭の作成を省略**できます。

「**直径**」オプションが表示されるので、ここの「**直径**」を**入力**します。

パスは**円**の**中心点**を通ります。(※SOLIDWORKS2016 以降の機能です。)

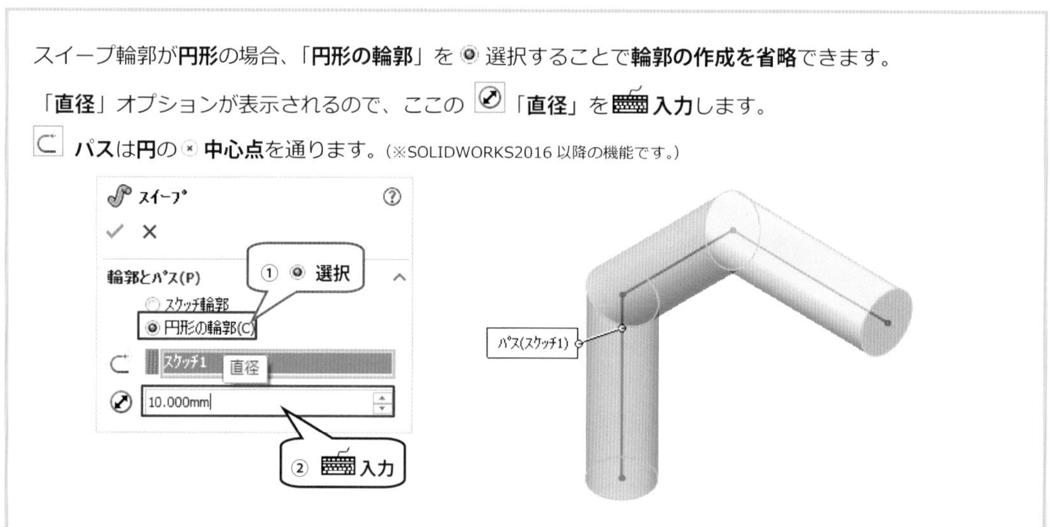

POINT 面から輪郭を指定

輪郭の指定はボディの**平らな** **面**を選択して指定できます。(※SOLIDWORKS2017 以降の機能です。)

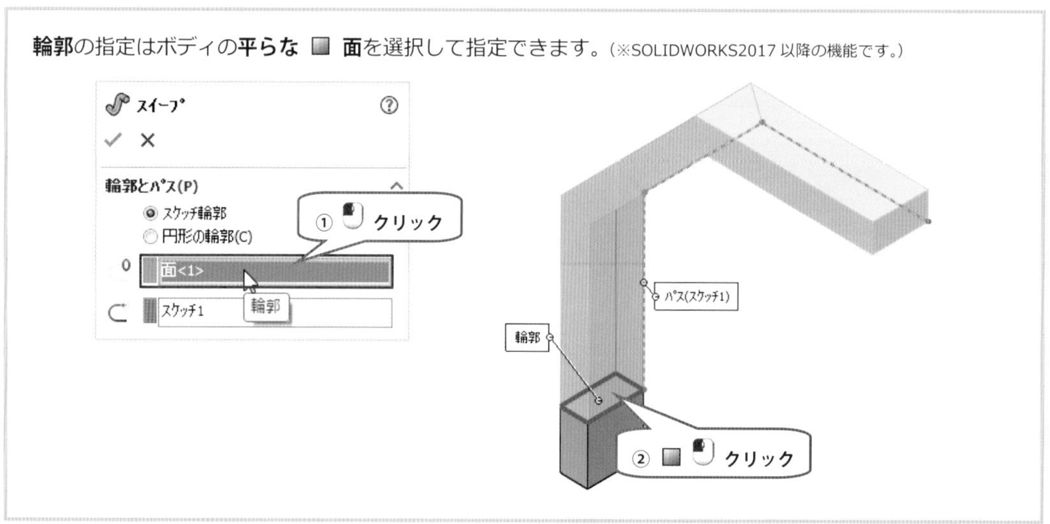

POINT ガイドカーブ

ガイドカーブに沿ってスイープフィーチャーを作成できます。

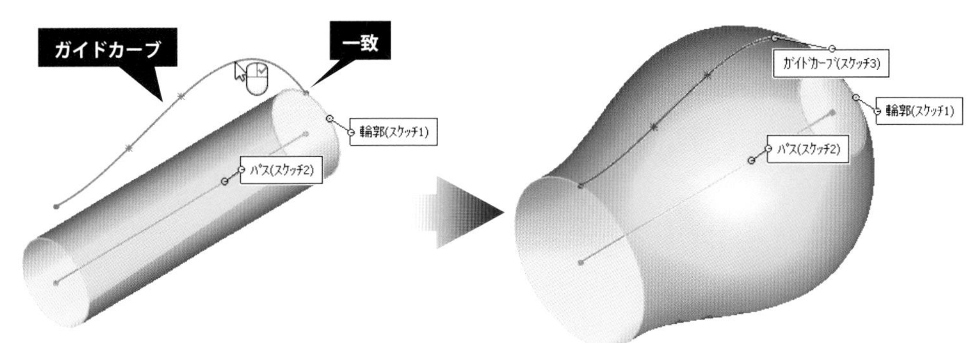

⚠ ガイドカーブは輪郭スケッチの上に**一致**（［**一致**］または［**貫通**］拘束を追加）しなければなりません。

選択した**ガイドカーブの順序が正しくない場合**は、［**上へ移動**］と［**下へ移動**］を使って位置の変更ができます。

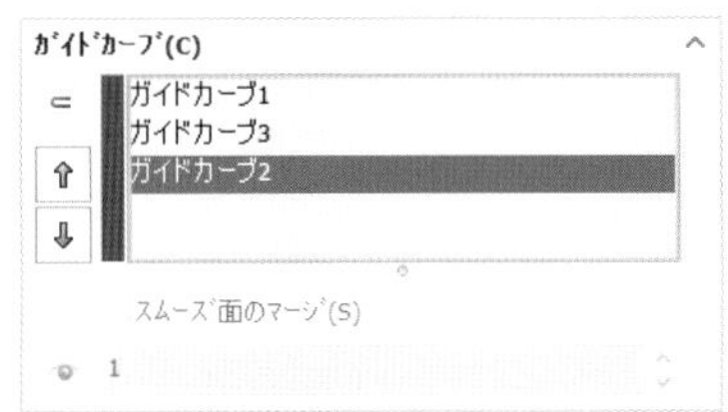

を クリックすると**断面**を**表示**します。

「**スムーズ面のマージ**」をチェック ON（☑）すると、ガイドカーブをもつスイープの**パフォーマンスを改善**します。下図のような**角があるガイドカーブ**を使用した場合、スイープ曲面はエッジを作らずに**角に曲面**を作ります。

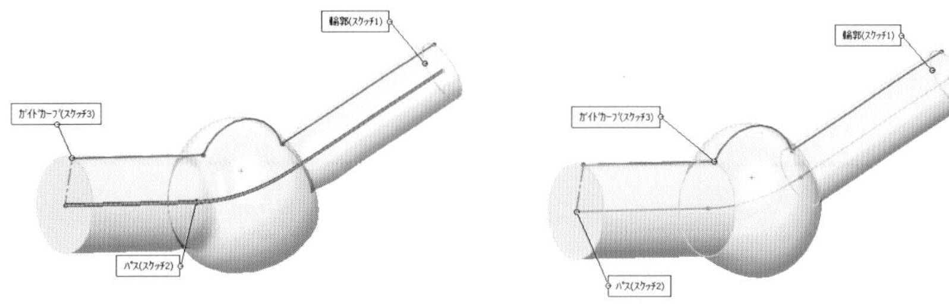

チェック ON（☑）　　**チェック OFF**（☐）

開始点と終了点の正接

輪郭の**開始点と終了点**に**正接**を**コントロール**するための拘束を適用します。

設 定	説 明
なし	正接はスイープに適用されません。
パス正接	開始点（終了点）でスイープをパスに対して垂直に作成します。

POINT

輪郭方向

パス（軌道）に沿ってスイープする輪郭（断面）の**表示方向**を以下の２つのいずれかより選択します。

タイプ	説 明	
パスに従う	パスを基準として**常に角度を保ち**ながら押し出します。	
スケッチの平行性保持	断面は輪郭の初めの部分に対して**常に平行**です。	

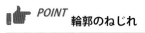

輪郭のねじれ

パスに沿って適用する輪郭の**ねじれのタイプ**を選択します。

タイプ	説明	
なし	パスが 2D のみ選択可能です。 パスに対して輪郭が垂直に整列します。	
ねじれの値指定	パスに沿った輪郭のねじれを「**角度**」、「**ラジアン**」、「**回転数**」を指定して定義します。	
方向指定ベクトルを指定	方向指定するベクトルは、モデルの平坦な面、直線、エッジ、円筒、軸などを選択できます。 右図は赤色の直線スケッチを方向ベクトルに指定してねじれを発生させています。 「**スケッチの平行性保持**」では選択できません。	
隣接面に正接	パスがモデルエッジである場合、エッジが隣接する面にスイープ面を正接にさせます。 隣接する面がない場合は作成できません。	
ねじれ（最小）	パスが 3D カーブや 3D スケッチで輪郭方向が「**パスに従う**」を設定したときに選択可能です。 パスに沿った輪郭の**ねじれが最小限**になるように修正します。	
自然	パスが 3D カーブや 3D スケッチで輪郭方向に「**パスに従う**」を設定したときに選択可能です。 輪郭はパスの曲がりに対して同じ角度を保持するように旋回していきます。 輪郭とパスの組み合わせにより、**予期しない結果**が生じる可能性があります。	
パスと第 1 ガイドカーブに従う	ねじれは、パスと第 1 ガイドカーブの間のベクトルに基づいて決まります。	
第 1 と第 2 ガイドカーブに従う	ねじれは、第 1 と第 2 のガイドカーブの間のベクトルに基づいて決まります。	

POINT 正接保持面

スイープの輪郭に正接した 2D 要素を含む場合、これに関連するスイープ曲面が正接で処理されます。
平面、円筒形、円錐形として表すことができる面は保持されます。
スケッチ円弧は近似したスプラインに変換される場合があります。
ガイドカーブを使用している場合には、これに影響はありません。
下図は **【評価】** タブの［**曲率表示**］を使用して「**正接保持面**」のチェック ON (☑) とチェック OFF (□) を比較しています。

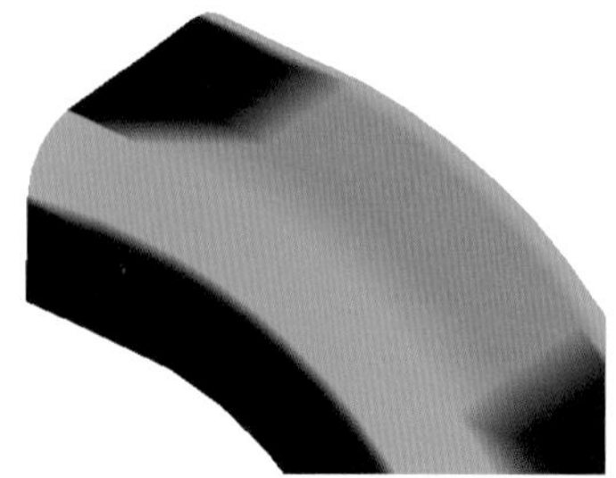
チェック ON (☑)

チェック OFF (□)

POINT 曲率表示

フィーチャー作成時の**プレビューオプション**を選択できます。

タイプ	説　明	
メッシュプレビュー	スイープ面に**プレビューメッシュ**を表示します。「**メッシュ密度**」の**スライダーバー**で**密度**が**調整**できます。	
ゼブラストライプ	スイープ面を**黒白の縞模様**で表示します。サーフェスの正接と曲率保持の確認、シワなどの**不良をチェック**できます。	
曲率コーム	スイープボディの**エッジ**に**曲率コーム**を表示します。「**方向**」「**スケール**」「**密度**」が設定できます。	

10.1.4　球形の作成（回転ボス／ベース）

［回転ボス／ベース］を使用して**球形のボディ**を作成します。

1. 下図に示す **面**（青い面）を クリックし、**コンテキストツールバー**より ［**スケッチ**］を クリック。

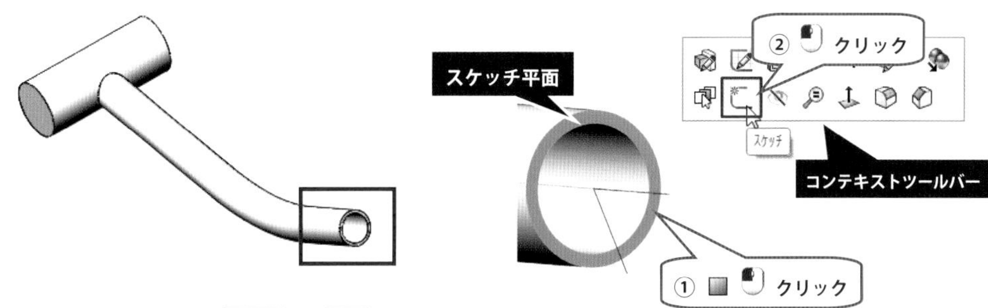

2. ［**アイテムに鉛直**］（CTRL ＋ 8ゆ）にて選択した **面**を正面に向けます。

3. ［**直線**］、［**円**］、［**エンティティのトリム**］を使用して下図の**半円形スケッチ**を作成します。**円**の **中心点**は、パイプ断面である○**円形エッジ**の ⊕ **中心点**に**一致**させ、**円**の**上側**と**下側**を結ぶ**直線**を作成します。［**パワートリム**］にて**左半分**を**削除**します。

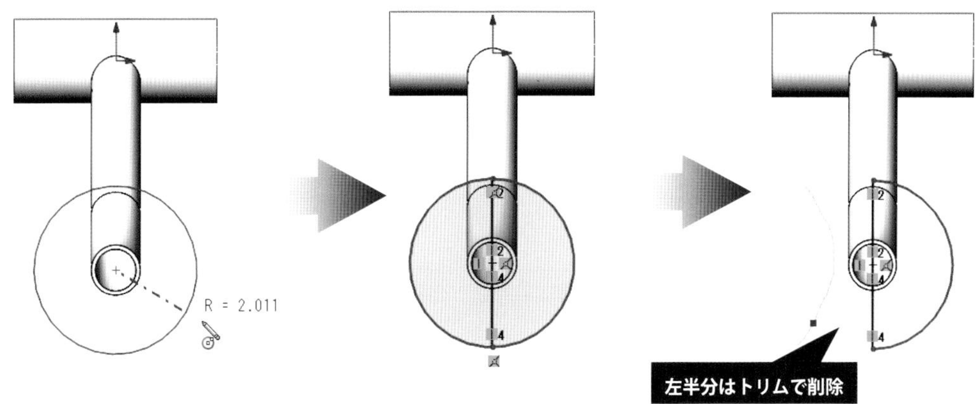

4. **直線**を**作図線**（中心線）に**変更**します。

   ［**スマート寸法**］にて **半径寸法**<1>を記入して**完全定義**させます。

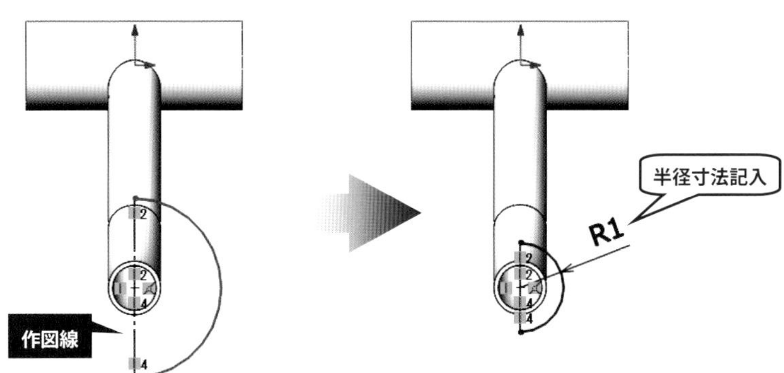

5. ［**表示方向**］から ［**等角投影**］を クリック。ショートカットは CTRL + 7や。

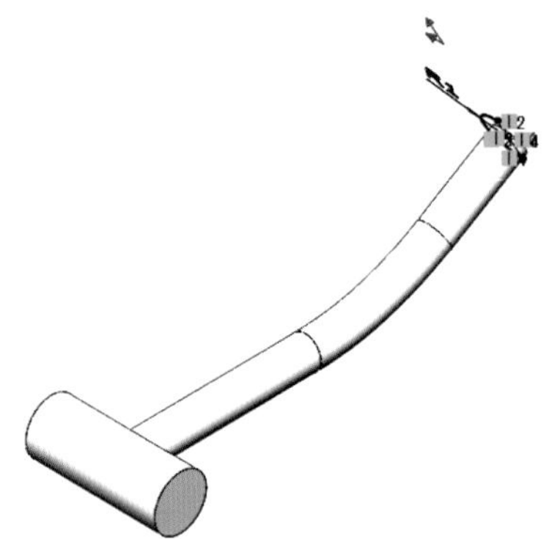

6. Command Manager【**フィーチャー**】タブより ［**回転ボス／ベース**］を クリック。

7. **メッセージダイアログ**が表示されるので、 はい(Y) を クリック。

8. 「**回転軸**」は作図ジオメトリ（中心線）が自動的に選択されます。

「**回転のタイプ**」が［**ブラインド**］、「**方向 1 の角度**」が<360>に設定されています。

プレビューを確認して ［**OK**］ボタンを クリック。

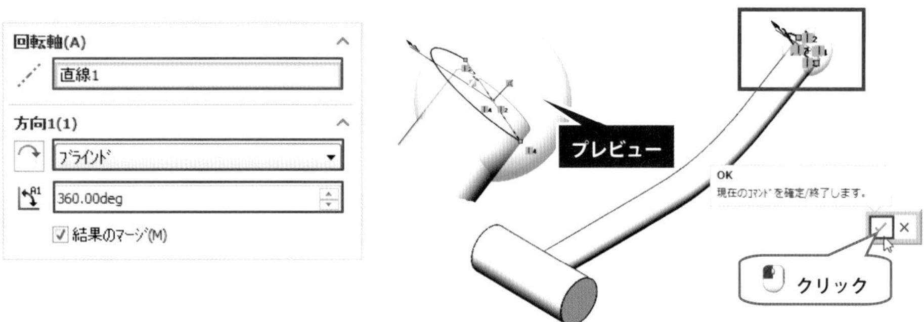

9. フィーチャーの名前を<**握り SR1**>に**変更**します。

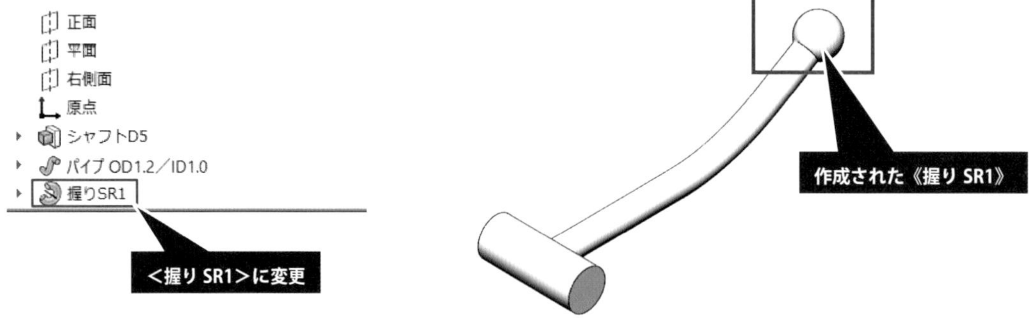

10. Feature Manager デザインツリーから《 **材料<指定なし>**》を 右クリックし、
メニューより [**材料編集（A）**] を クリック。

11. 『**材料**』ダイアログが表示されるので [**solidworks materials**] > [**アルミ合金**] を◢**展開**し、
[**1060 合金**] を クリック。**適用(A)**、**閉じる(C)** を クリック。

12. 任意の [**外観**] を設定し、 [**保存**] にて上書き保存をします。
これで {**コントロールスティック**} 部品の完成です。
ウィンドウ右上の ✕ を クリックして閉じます。

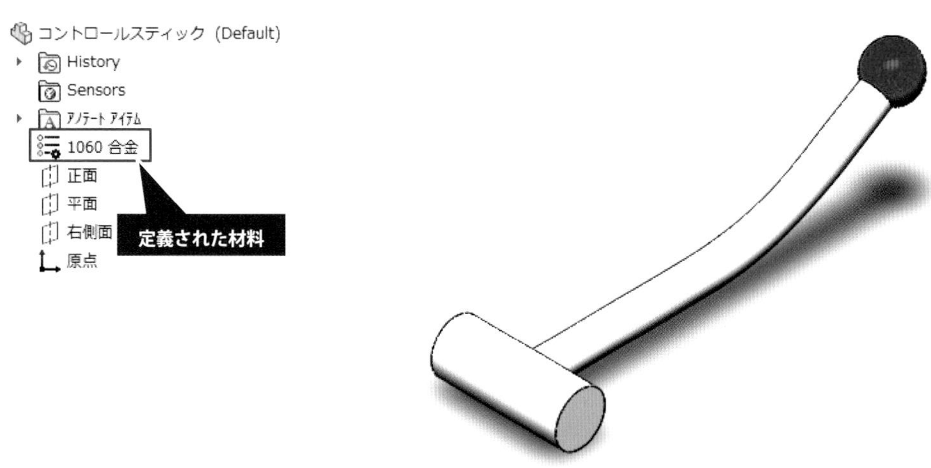

（※完成モデルはダウンロードフォルダー { Chapter10} に保存されています。）

10.2スキッドを作成する

ヘリコプターの構成部品 {**スキッド**} を新規部品として作成します。

10.2.1 準備

新規部品ドキュメントを作成し、名前を付けて保存します。

1. **標準ツールバー**の [**新規**] を クリック。

2. 『**新規 SOLIDWORKS ドキュメント**』ダイアログが表示されます。

ビギナー
で
[部品] を
クリックし、
OK
を
クリック。

3. 画面右下の**ステータスバー**で**単位系**を［MMGS］に設定します。
   現在の単位系を クリックし、表示されるリストから［**MMGS（mm、g、秒）**］を クリック。

4. **標準ツールバー**の [**保存**] を クリック。

5. 『**指定保存**』ダイアログが表示されます。
   保存先フォルダーを {**ヘリコプター**} にし、「**ファイル名**」に<**スキッド**>と 入力。
   保存(S) を クリック。

10.2.2 折り曲げ板を作成する（薄板フィーチャー）

開いた輪郭を [**押し出しボス**] で押し出すと**薄板フィーチャー**を作成できます。

1. Feature Manager デザインツリーから《**正面**》を クリックし、**コンテキストツールバー**より [**スケッチ**] を クリック。

2. [**直線**] を使用して下図の**開いた輪郭**を作成します。
   [**中点**]（ 水平線と 原点)、 [**水平**]（斜線の 端点と 端点)、 [**等しい値**]（ 斜線と 斜線）の拘束は**手動**にて追加します。

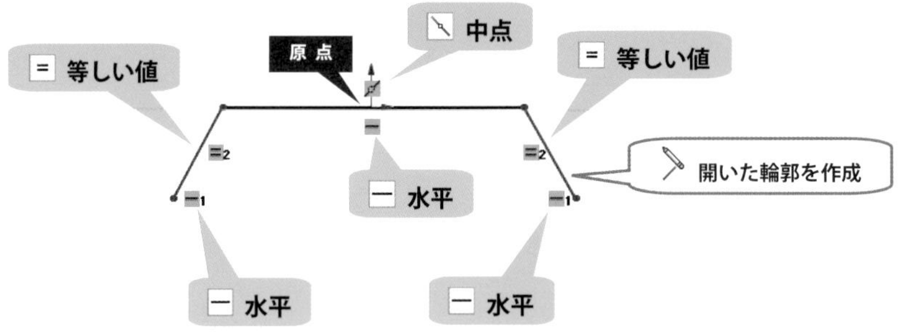

3. ［**スマート寸法**］にて下図のように**寸法**を記入して**完全定義**させます。

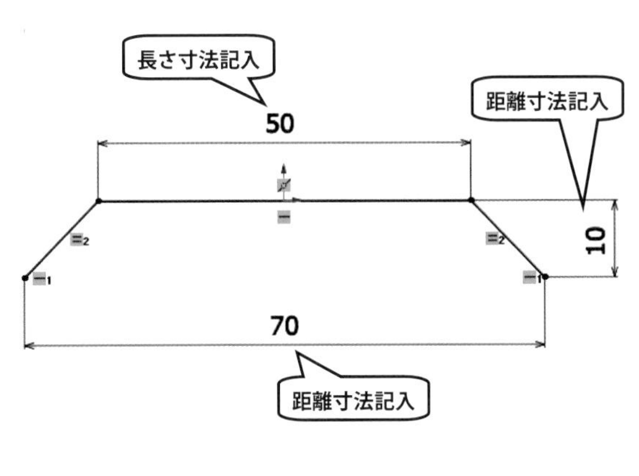

折り曲げ部品では角に曲げRを付ける必要がありますが、薄板フィーチャーではパラメータで折り曲げ半径を指定できます。よって［**スケッチフィレット**］で角を丸める必要はありません。

折り曲げ部

4. ［**表示方向**］から［**等角投影**］をクリック。ショートカットは CTRL ＋ 7や。

5. Command Manager【**フィーチャー**】タブの［**押し出しボス／ベース**］をクリック。

6. 「**押し出し状態**」より［**中間平面**］を選択し、「**深さ／厚み**」に<6 ENTER>と入力。
「**薄板フィーチャー**」はチェックON（）になっています。
「**厚み**」に<1 ENTER>と入力。
「**自動フィレットコーナー**」をチェックON（☑）にし、「**フィレット半径**」に<5 ENTER>と入力。
プレビューを確認し、［**OK**］ボタンをクリック。

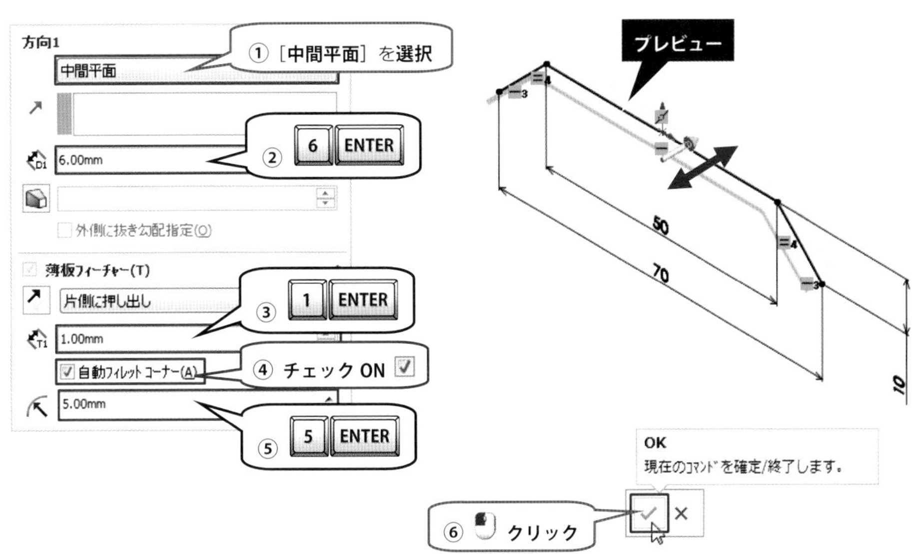

7. フィーチャーの名前を＜**平板 6×1**＞に**変更**します。

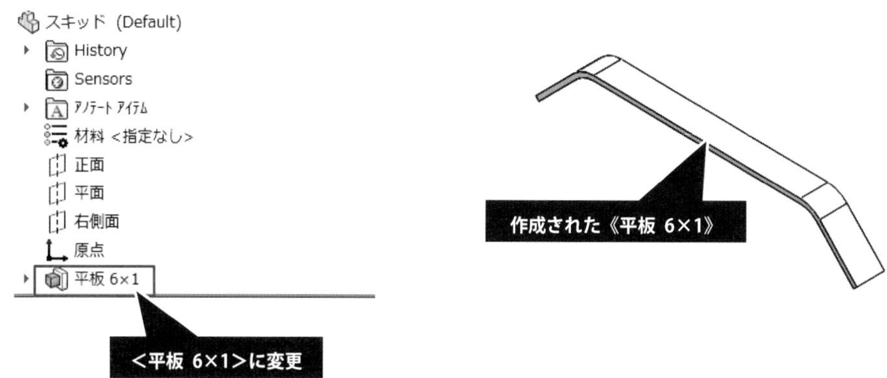

POINT 厚み付けタイプ

薄板フィーチャーの厚み付けのタイプは下表の３つより選択します。

タイプ	説　明
片側に押し出し	スケッチから**一方向**（外側へ）で押し出しの「**厚み**」を設定します。 厚み付けの方向は、［**反対方向**］を クリックして**反転**できます。 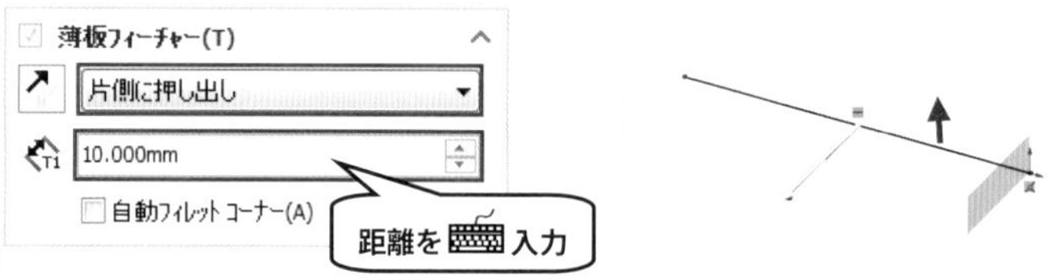 薄板ﾌｨｰﾁｬｰ(T)　片側に押し出し　10.000mm　自動ﾌｨﾚｯﾄ ｺｰﾅｰ(A)　距離を 入力
両側に等しく押し出し	スケッチから**両方向**で**均等**に押し出しの「**厚み**」を設定します。 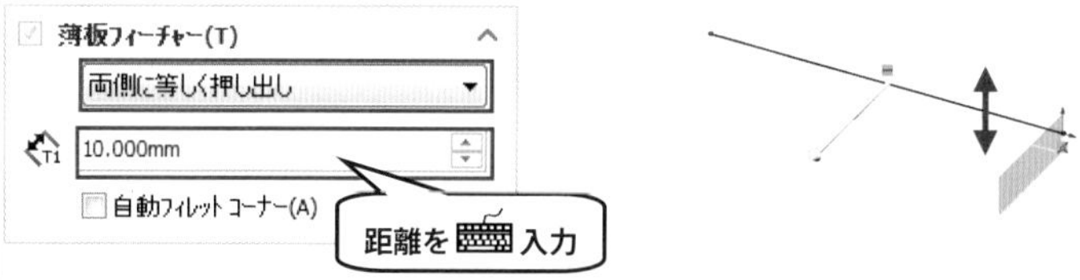 薄板ﾌｨｰﾁｬｰ(T)　両側に等しく押し出し　10.000mm　自動ﾌｨﾚｯﾄ ｺｰﾅｰ(A)　距離を 入力
両側に押し出し	「**方向 1**」の「**厚み**」および「**方向 2**」の「**厚み**」に**異なる押し出しの厚み**を設定します。 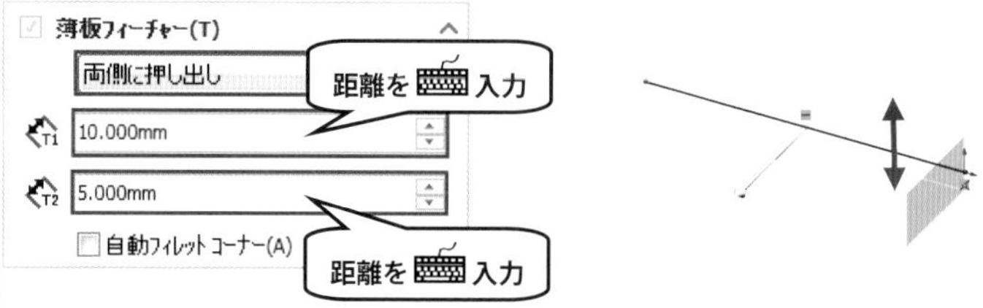 薄板ﾌｨｰﾁｬｰ(T)　両側に押し出し　10.000mm　5.000mm　自動ﾌｨﾚｯﾄ ｺｰﾅｰ(A)　距離を 入力　距離を 入力

10.2.3　ボルト穴の作成（穴ウィザードの使用）

タッピングマシンなどで加工する規格穴は［**穴ウィザード**］を使用して作成します。

「**単純穴**」「**座ぐり穴**」「**ネジ穴**」「**テーパー穴**」などをウィザードに従い手早く作成できます。

JIS 規格のボルト穴（M3 用の貫通したキリ穴）を薄板上に 2 つ作成します。

1. Command Manager 【**フィーチャー**】タブの［**穴ウィザード**］を クリック。
   または**ショートカットツールバー**より［**穴ウィザード**］を クリック。

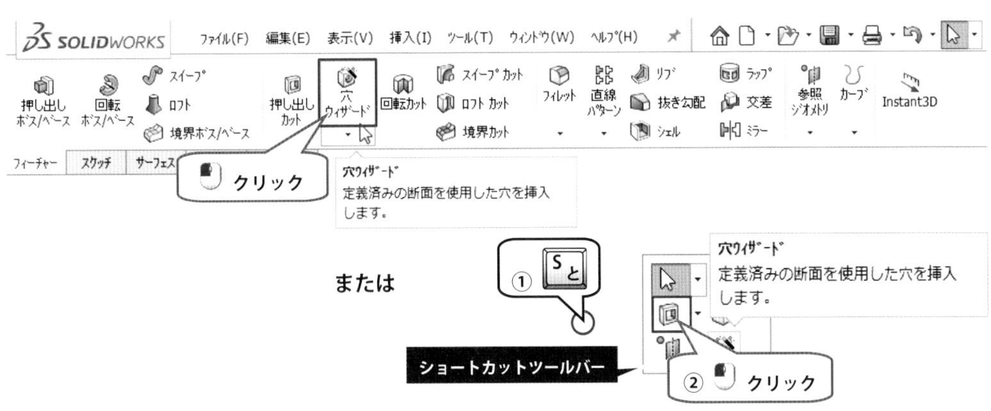

2. Property Manager に「**穴の仕様**」の タイプ タブが表示されます。

   「**穴のタイプ**」は［穴］を クリック、「**規格**」は［JIS］、「**種類**」は［**ねじすきま**］を選択します。

   「**穴の仕様**」の「**サイズ**」は［**M3**］、「**はめあい（等級）**」は［**2 級**］を選択します。

   「**押し出し状態**」は［**全貫通**］を選択します。

   （※「**はめあい（等級）**」はバージョンにより［中間ばめ］を選択します。）

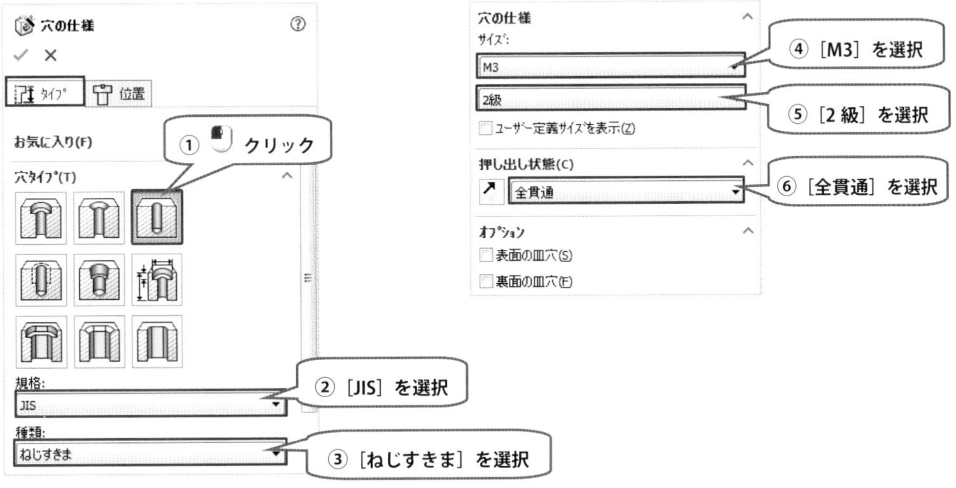

3. Property Manager「**穴の仕様**」の [位置] タブを クリック。

グラフィックス領域より下図に示すモデルの ■ **面**を クリック。この面に穴あけをします。

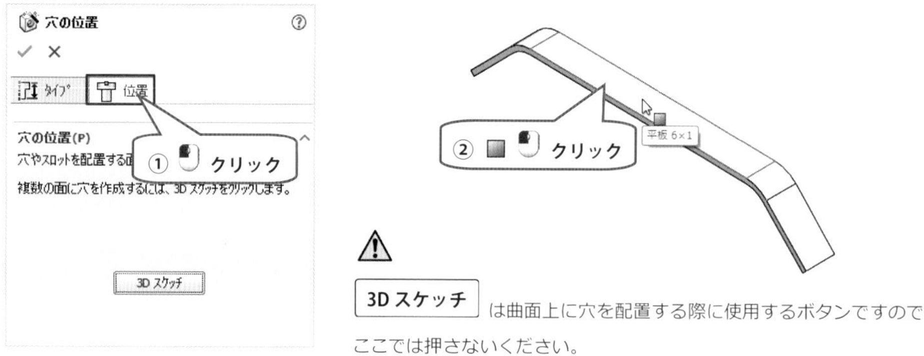

4. カーソル位置に**穴の円筒**が**プレビュー**されます。

下図に示す**面上の2か所**で クリックして**穴を配置**し、 ESC を押して**配置を終了**します。

（※バージョンにより面をクリックした位置に穴が配置されます）

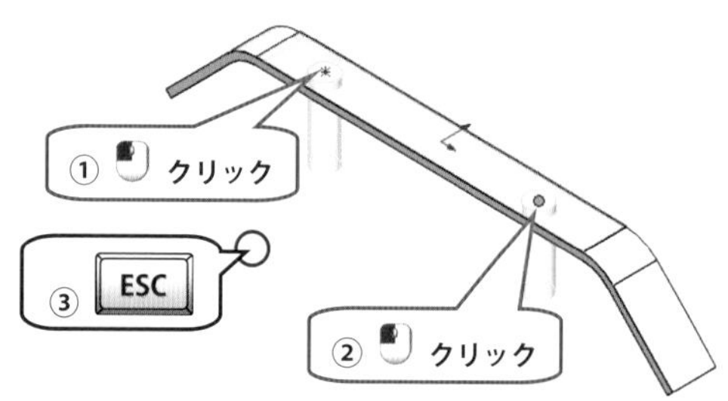

5. [**アイテムに鉛直**]（CTRL + 8ゆ）にて選択した ■ **面**を正面に向けます。

6. **穴**の**配置位置**には✳**点エンティティ**があり、**スケッチ**が**編集状態**となっています。

2 つの✳**点**と**原点**に [**水平拘束**] を追加し、**距離寸法**を記入してスケッチを**完全定義**させます。

[**OK**] ボタンを クリック。

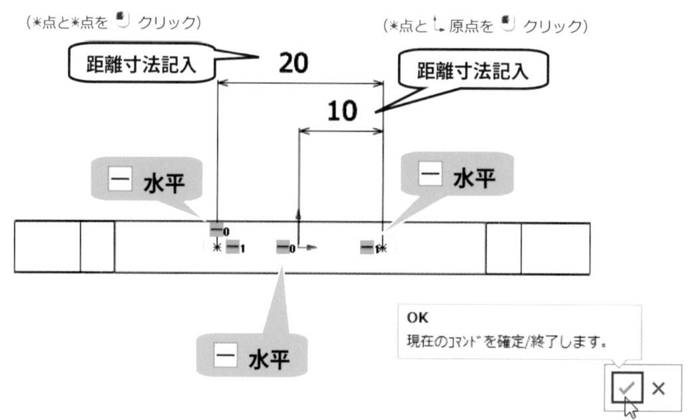

7. [**表示方向**] から [**等角投影**] を クリック。ショートカットは CTRL + 7や。

8. **貫通の穴**があいたことを確認し、フィーチャーの名前を <**3.4 キリ**> に**変更**します。

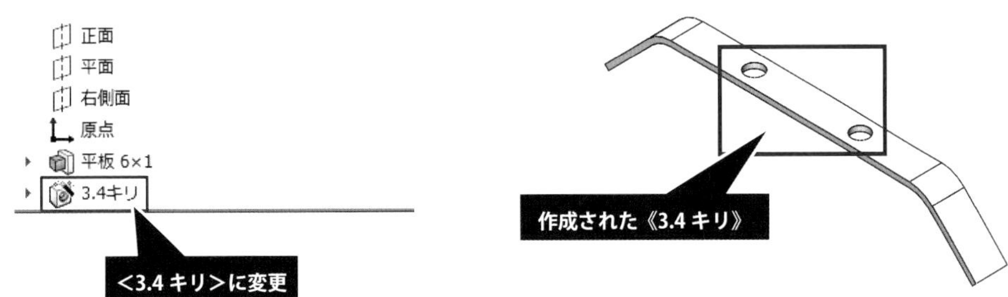

POINT 穴のタイプ

穴のタイプは、次の 9 種類の中から 選択できます。

「**規格**」「**種類**」「**オプション**」などは選択した穴タイプによって異なります。

	[座ぐり]	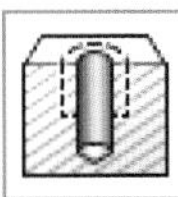	[ねじ穴-ストレート]	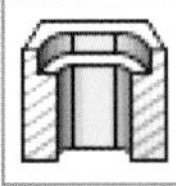	[座ぐり穴スロット]
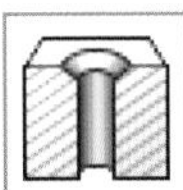	[皿穴]	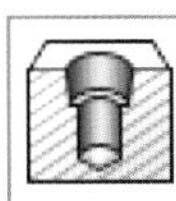	[ねじ穴-テーパ]	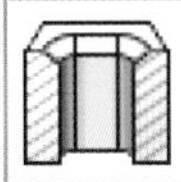	[皿穴スロット]
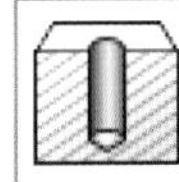	[穴（単純）]	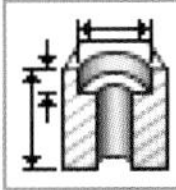	[従来型の穴]	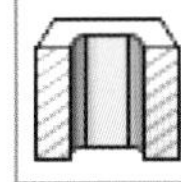	[スロット]

POINT 穴フィーチャーで作成されるスケッチ

穴フィーチャーでは**2つのスケッチ**が**作成**されます。

１つは**穴の位置**を定義したスケッチ、もう１つ穴の**断面輪郭**を指示したスケッチです。

穴位置を指示しているスケッチを編集すると**穴位置**、**個数**を**変更**できます。

自動作成される**断面輪郭スケッチ**は規格や種類によって作成されていますので、特別な場合を除き編集はしません。

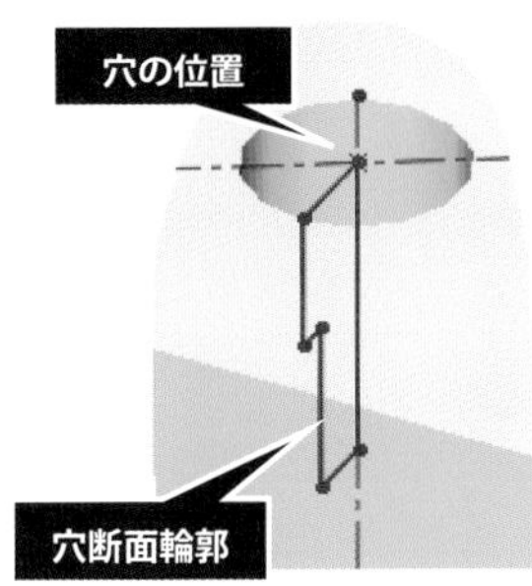

 POINT ねじ穴オプション

「**穴のタイプ**」で [**ねじ穴-ストレート**] を選択した場合、「**ねじ山オプション**」を以下の3つの中から選択します。「**ねじ山のクラス**」をチェックON（☑）にすると、リストより**クラス**を選択できます。

ねじ穴タイプ	説明	
[**ねじ下穴ドリル直径**]	**下穴ドリル**の**直径**で穴をあけます。	
[**ねじ山**]	ねじ山に**シェイディング**を付け、**下穴ドリルの直径**の穴をあけます。 ねじ山フィーチャーを自動作成します。	
[**ねじ山削除**]	ねじ山部をねじ直径にして**実形**に近い大きさの穴をあけます。 右図のような**段付きの穴**です。	

POINT シェイディングされたねじ山

ねじ山を**シェイディング表示**するには、[**オプション**] > 【**ドキュメントプロパティ**】タブ>「**詳細設定**」>「**表示フィルター**」にある「**シェイディングされたねじ山**」をチェックON（☑）にします。

表示フィルター
☑ ねじ山(A)
☑ データム(D)
☑ データム ターゲット(T)
☐ フィーチャー寸法(F)
☐ 参照寸法(E)
☐ DimXpert 寸法(P)
☑ シェイディングされたねじ山(I)
☑ 幾何公差(G)
☑ 注記
☑ 表
☑ 溶接記号(W)
☐ 全種類を表示(A)
チェック ON ☑

よく使う穴を**お気に入り**として追加することで、次回から穴タイプの設定を素早く行うことができます。
機能には、「**デフォルトの指定**」「**追加**」「**削除**」「**スタイルのロード／保存**」があります。

機　能	説　明
デフォルト適用／お気に入りなし	デフォルトの設定を再指定します。
お気に入り追加／更新	穴設定をお気に入りのリストに追加または更新します。 を クリックするとダイアログが表示されるので、 名前を入力して OK を クリックします。 お気に入り追加/更新 新しい名前を入力するか既存名を選択 M6座ぐり 貫通 OK ｷｬﾝｾﾙ
お気に入りの削除	選択中のお気に入りをリストから削除します。 を クリックするとダイアログが表示されるので、 はい(Y) を クリックすると削除されます。 SOLIDWORKS 次のｽﾀｲﾙを削除してよろしいですか: M6 穴付きねじ用座ぐり穴 はい(Y)　いいえ(N)
お気に入りの保存	リストより選択したお気に入りを**外部ファイル**として**出力**します。
お気に入りのロード	外部保存した「**お気に入りファイル**」を読み込みます。

10.2.4 パターン溝を作成する（直線パターン）

［直線パターン］を使用すると「方向」「距離」「コピー数」の指定によりフィーチャーやボディを直線状にコピーできます。コピー元をシードといい、コピーしたものをインスタンスといいます。

シードに加えた変更は、インスタンスに反映されます。

薄板に溝を［押し出しカット］で作成し、これを直線状にコピーします。

1. 下図に示す面をクリックし、コンテキストツールバーより［スケッチ］をクリック。

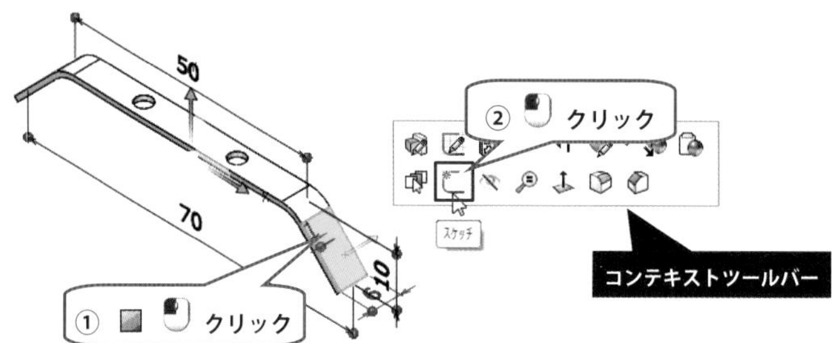

2. ［矩形コーナー］を使用して矩形を作成し、［スマート寸法］にて下図の寸法を記入してスケッチを完全定義させます。

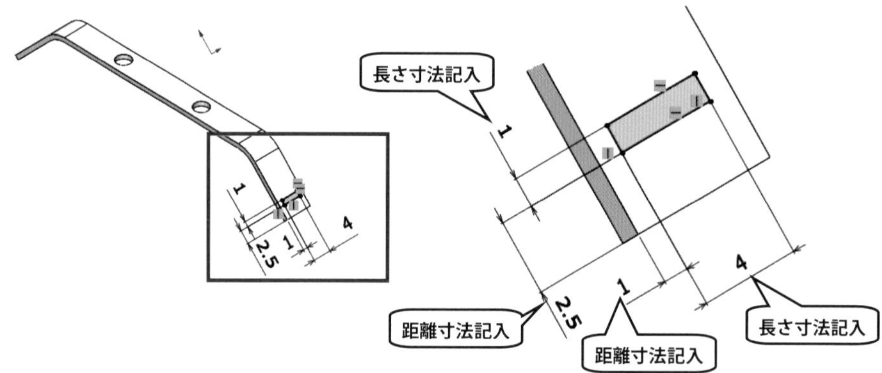

3. Command Manager【フィーチャー】タブの［押し出しカット］をクリック。

4. 「押し出し状態」より［ブラインド］を選択し、「深さ／厚み」に<0 . 5 ENTER>と入力。プレビューを確認して［OK］ボタンをクリック。

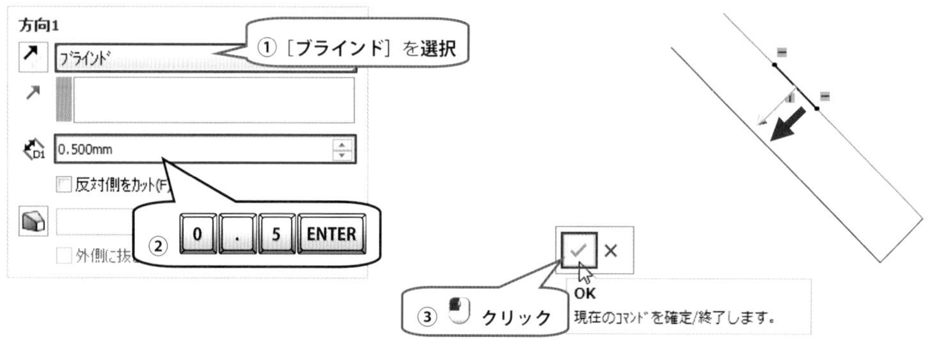

5. フィーチャーの名前を<**角溝**>に**変更**します。

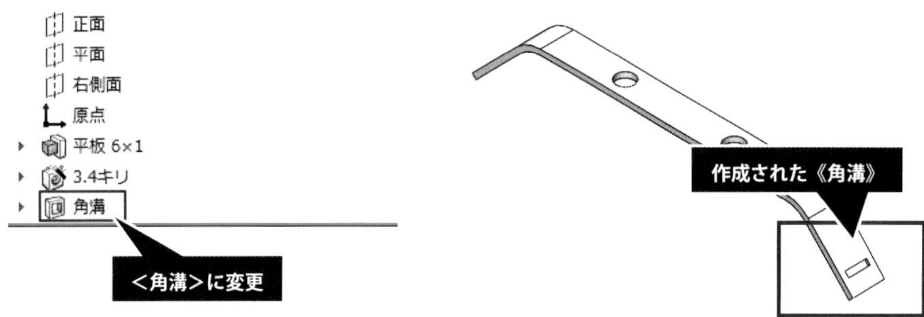

6. Command Manager 【**フィーチャー**】タブより [**直線パターン**] を クリック。

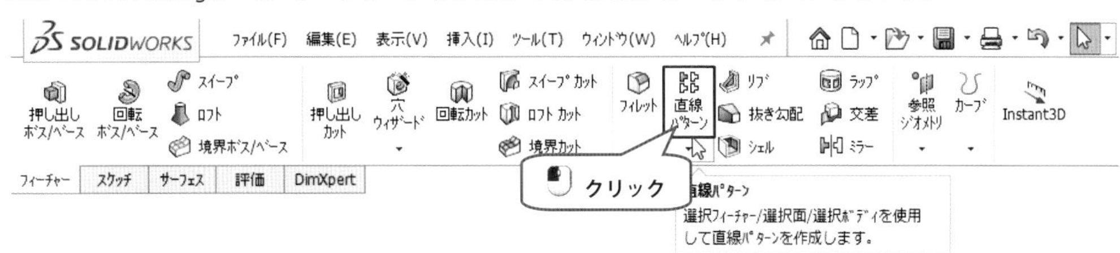

7. Property Manager に「**直線パターン**」が表示されます。

「**方向 1**」の「**パターン方向**」の**選択ボックス**が**アクティブ**になっているので、下図に示す **直線エッジ**を クリックして選択します。表示された灰色の矢印（**ハンドル**）は**コピーする方向**を示しています。

逆を向いている場合は、 [**反対方向**] を クリック。

「**間隔**」に<1 . 6 ENTER>、 「**インスタンス数**」に<5 ENTER>と 入力。

今回は「**方向 2**」は設定しません。

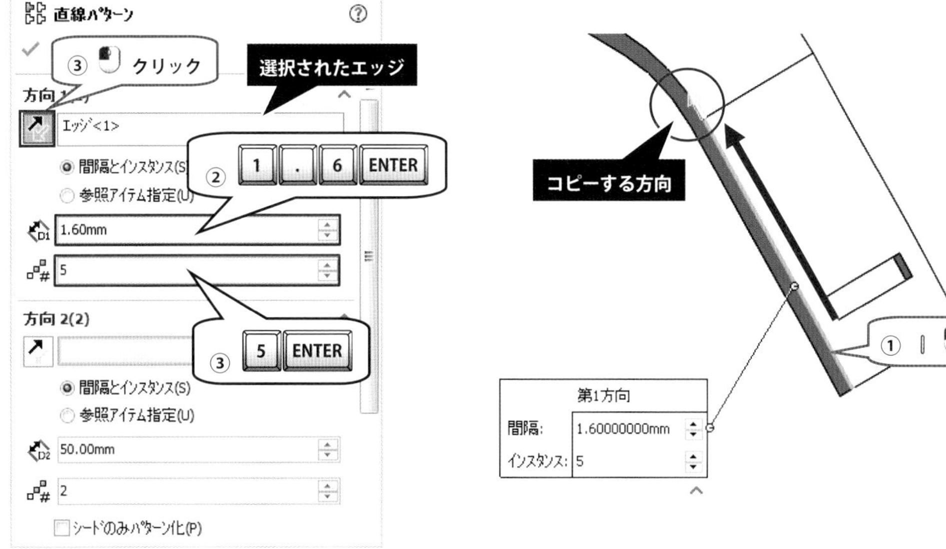

8. 「**パターン化するフィーチャー**」の**選択ボックス**が**アクティブ**にします。
フライアウトツリーを▾**展開**して《 **角溝**》を クリック。
またはグラフィックス領域より《 **角溝**》でカットした **面**を クリック。
プレビューを確認して [**OK**] ボタンを クリック。

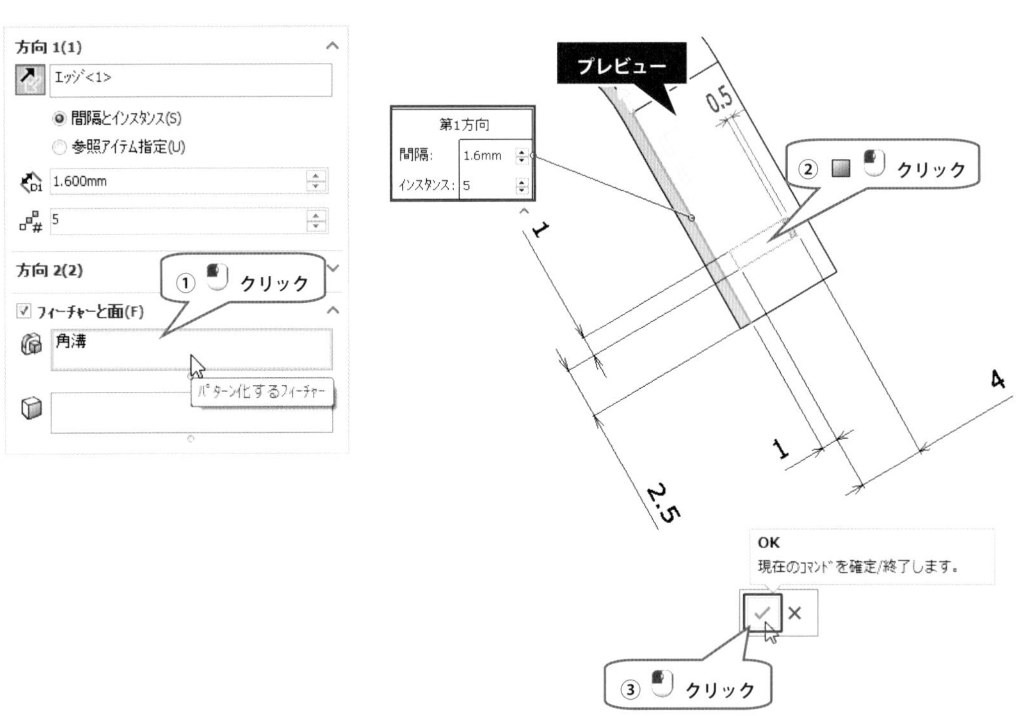

9. フィーチャーの名前を＜**角溝コピー×5**＞に**変更**します。

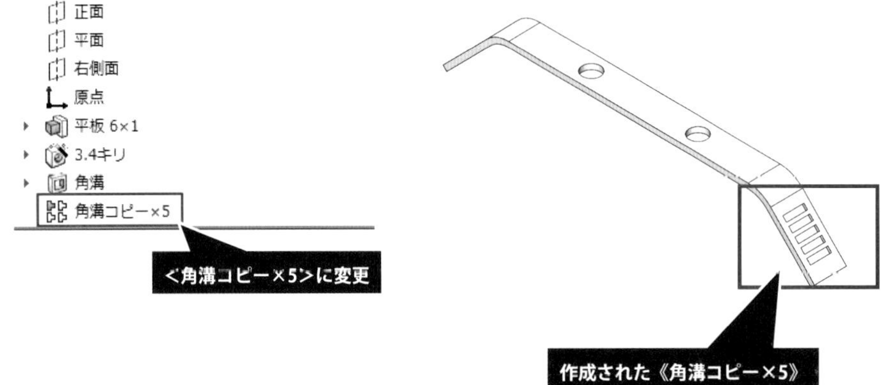

POINT 参照アイテム指定

「**参照アイテム指定**」は、ジオメトリを基にパターンを作成する場合に使用します。
パターン化するフィーチャーの参照アイテムとインスタンスの限界点のアイテムを指定すると、パターンはそれに収まるように作成されます。（※SOLIDWORKS2015 以降の機能です。）

1. Command Manager **【フィーチャー】**タブより［**直線パターン**］を クリック。

2. 「**方向 1**」の「**パターン方向**」に指定するアイテム（直線エッジや平面）を選択します。

3. 「**パターン化するフィーチャー**」でパターン化するフィーチャーを選択します。

4. 「**方向 1**」の「**参照アイテム指定**」を 選択します。
   「**参照ジオメトリ**」の選択ボックスがアクティブになるので、グラフィックス領域より限界点となる **面**や **エッジ**を クリックして選択します。、インスタンスはそこを**コピーの上限位置**とみなします。限界点の参照アイテムに対して**オフセット距離**を指定できます。

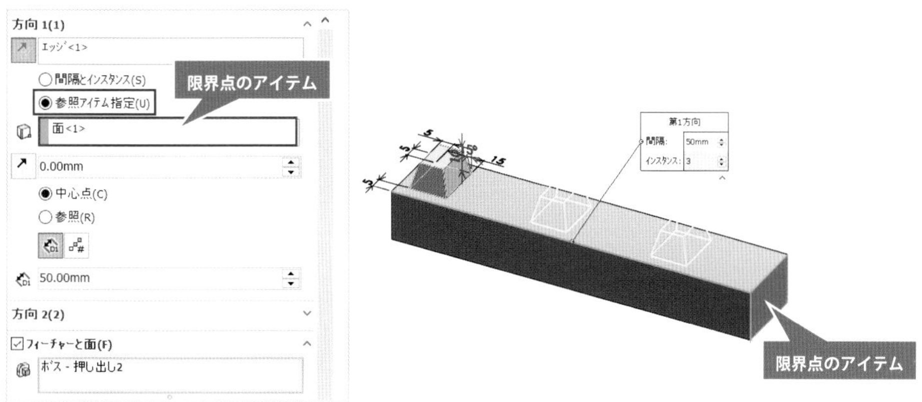

5. **コピー元の基準位置**は「**中心点**」または「**参照**」のどちらかを 選択します。
   「**参照**」を選択した場合は、 **面**や **エッジ**などの**参照アイテム**を クリック。

6. **インスタンス**は ［**間隔指定**］または ［**個数指定**］のアイコンを クリック。
   ［**間隔指定**］は距離、 ［**インスタンス数の設定**］ はコピー数を 入力。

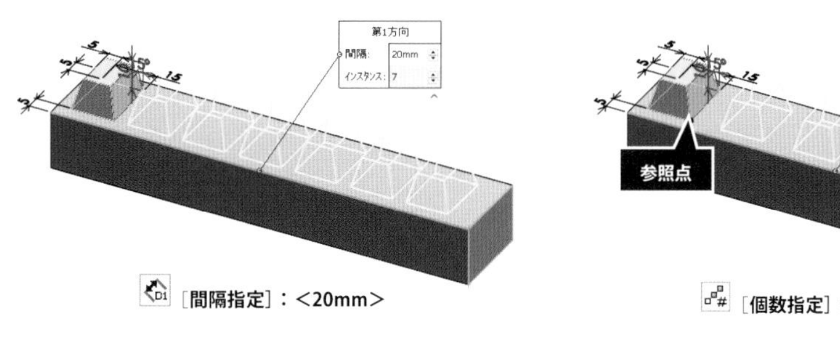

［**間隔指定**］：<20mm>　　［**個数指定**］：<6>

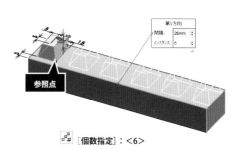

POINT シードのみパターン化

「**方向 2**」の「**シードのみパターン化**」をチェック ON（☑）にした場合、下図のようにインスタンスを**1 行 1 列のみ**直線パターンコピーします。

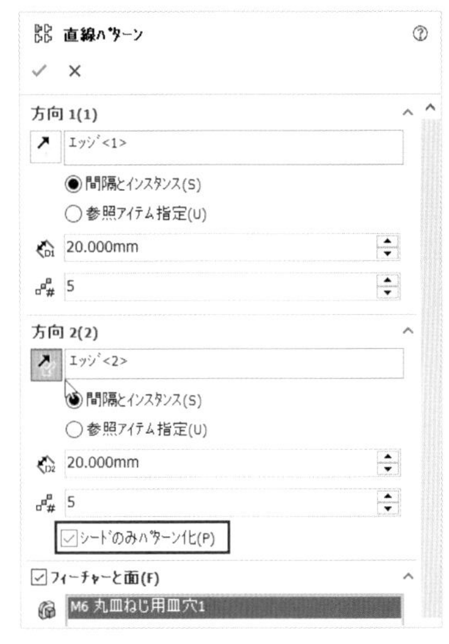

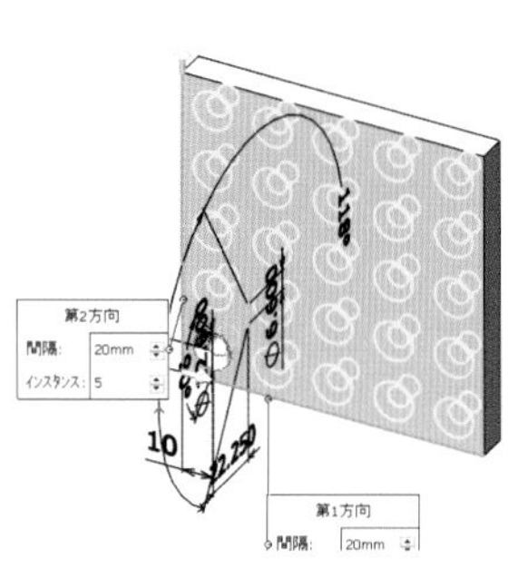

チェック OFF（□）

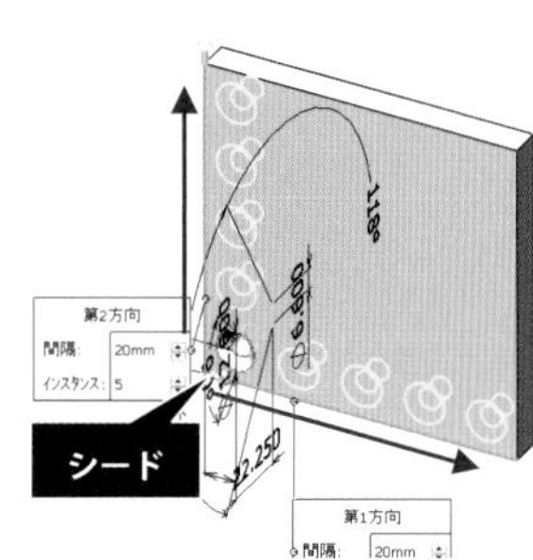

チェック ON（☑）

「**方向 1**」と「**方向 2**」が**平行**である場合は「**シードのみパターン化**」をチェック ON（☑）にしてください。チェック OFF（□）にすると、インスタンスが**自己交差**します。

チェック OFF（□）のまま実行すると、下図の**メッセージボックス**が表示されます。

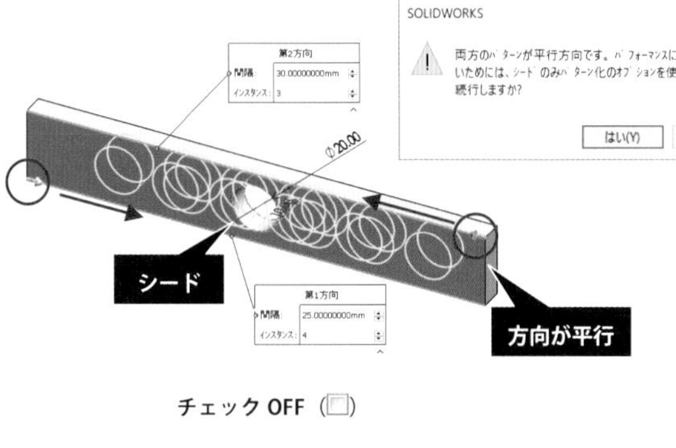

チェック OFF（□）

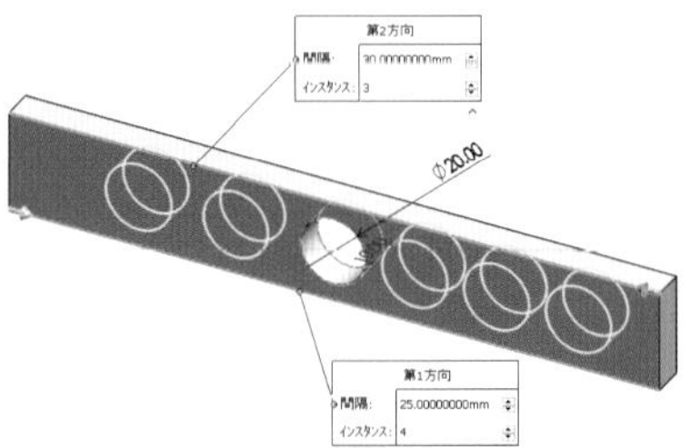

チェック ON（☑）

 POINT

ジオメトリパターン

「**ジオメトリパターン**」オプションを使用してパターンフィーチャーを作成すると、インスタンス（コピーされたフィーチャー）にシード（コピー元のフィーチャー）の押し出し状態などの情報は含まれません。シードの長さや角度など形状の大きさのみを情報として使用します。
これによりデータ量が軽くなり、パターンを素早く作成して再構築できます。
すべてのパターンフィーチャーがこの機能をサポートしています。

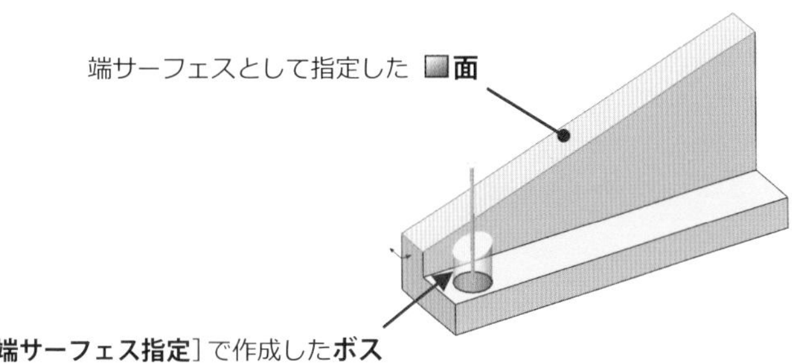

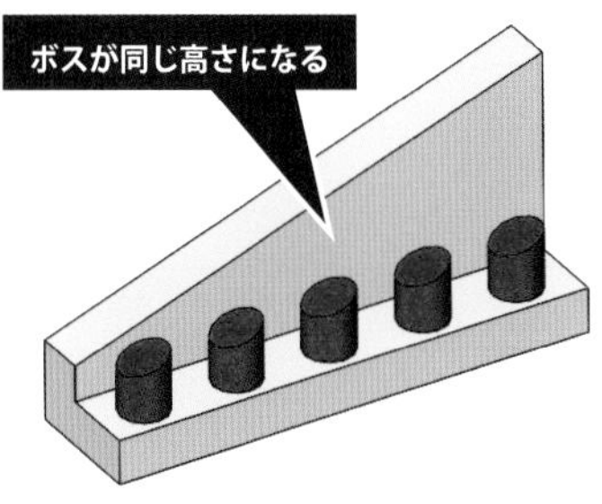

チェック ON（☑）

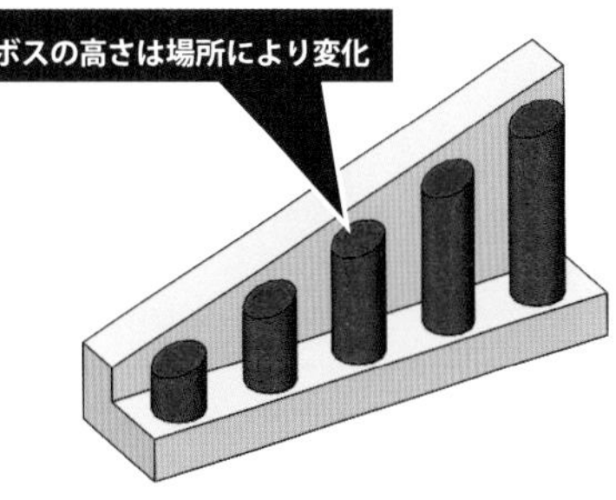

チェック OFF（☐）

上図は《 **ボス**》を ［**直線パターン**］で「**ジオメトリパターン**」を使用してコピーしたモデルです。インスタンスの情報に押し出し状態は含まれないのでボスが**同じ高さ**です。

上図は《 **ボス**》を ［**直線パターン**］で「**ジオメトリパターン**」を使用しないでコピーしたモデルです。インスタンスの情報に押し出し状態は含まれるので、**ボスの高さは場所により変化**します。

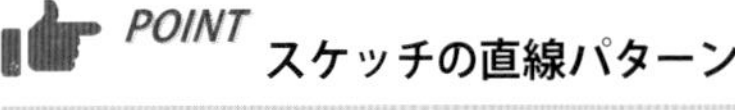

POINT スケッチの直線パターン

[直線パターンコピー] は、**エンティティ**を**格子状**に**パターンコピー**します。

1. Command Manager **【スケッチ】**タブより [**直線パターンコピー**] を クリック。

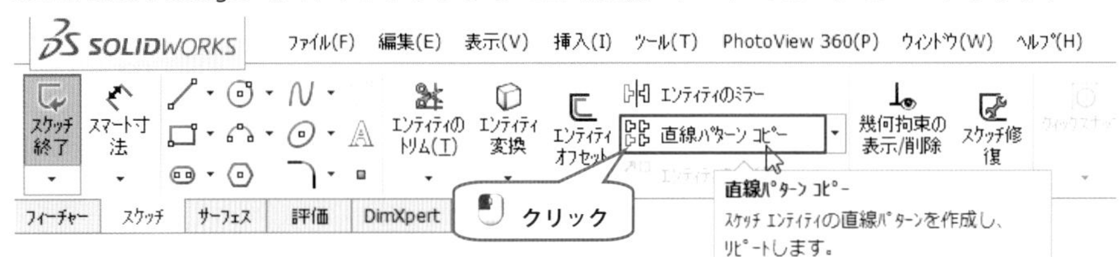

2. Property Manager「 **直線パターン**」でパラメータを設定します。

   「**パターン化するエンティティ**」でエンティティを選択します。

   デフォルトでは「**方向 1**」は X 軸（+）、「**方向 2**」は Y 軸（+）になっています。

   変更するには方向を示すための **直線**を クリックし、**方向**は [**反対方向**] を クリックすると**反転**します。「**方向 2**」の 「**インスタンス数**」、 「**間隔**」を 入力し、インスタンスを**スキップ**することも可能です。

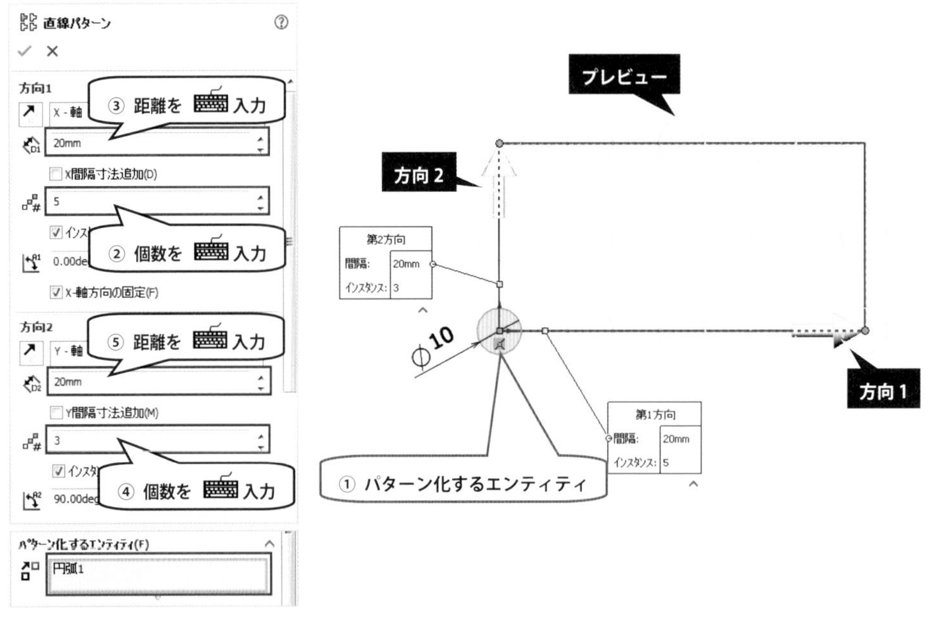

3. [**OK**] ボタンを クリックして操作を終了します。

POINT 直線パターンの編集

直線パターンの**編集方法**は以下のとおりです。

1. パターンの編集は関連するエンティティ（シードまたはインスタンス）を 右クリックし、メニューより［**直線パターン編集（Q）**］を クリック。

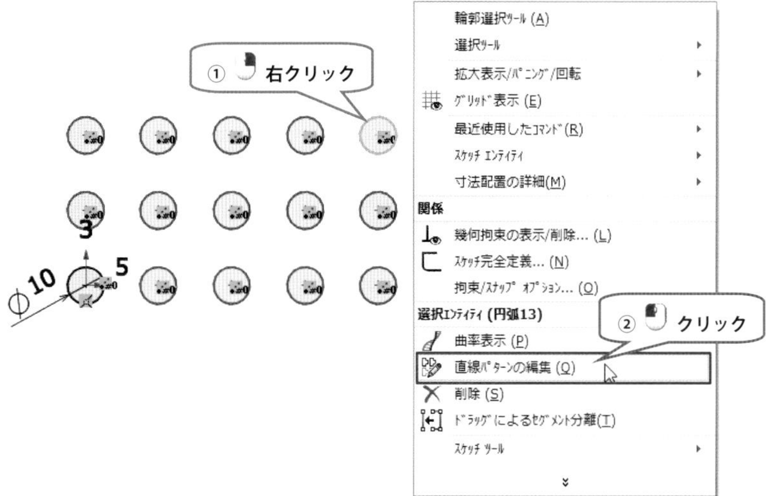

2. Property Manager にてパラメータを編集します。

3. ✓［**OK**］ボタンを クリックして操作を終了します。

POINT ドラッグによるセグメント分離

ドラッグにて**パターン化されたエンティティを分離**できます。
寸法または幾何拘束により位置や大きさが決められている場合、パターンを分離できません。
（※SOLIDWORKS2016 以降の機能です。）

1. **直線パターン化されたエンティティ**を 右クリックし、メニューより ［**ドラッグによるセグメント分離（T）**］を クリック。

2. **パターン化されたエンティティ**を ドラッグすると、**等間隔を保ちながら間隔を変更**できます。

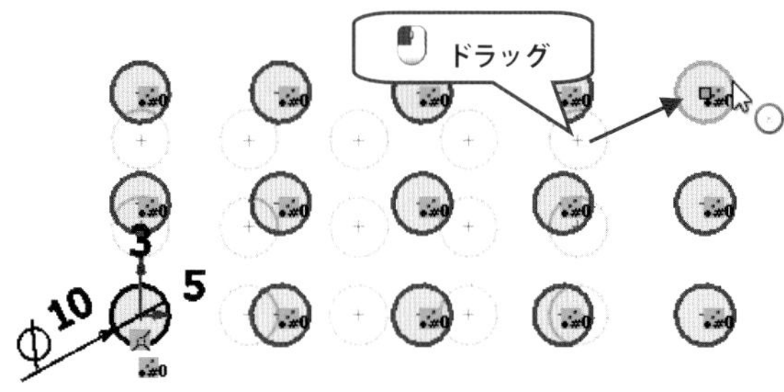

10.2.5　フレームを作成する（スイープ）

丸棒を折り曲げたような形状（スキッドバー）を ［**スイープ**］を使用して作成します。

1. **スイープ**の**パススケッチ**を作成する**参照平面**を作成します。
   Command Manager【**フィーチャー**】タブより ［**参照ジオメトリ**］下の を クリックして**展開**し、 ［**平面**］を クリック。

2. 「 **第 1 参照**」は《**右側面**》を クリックし、 「**オフセット距離**」に＜3 5 ENTER＞と 入力。プレビューを確認して ［**OK**］ボタンを クリック。

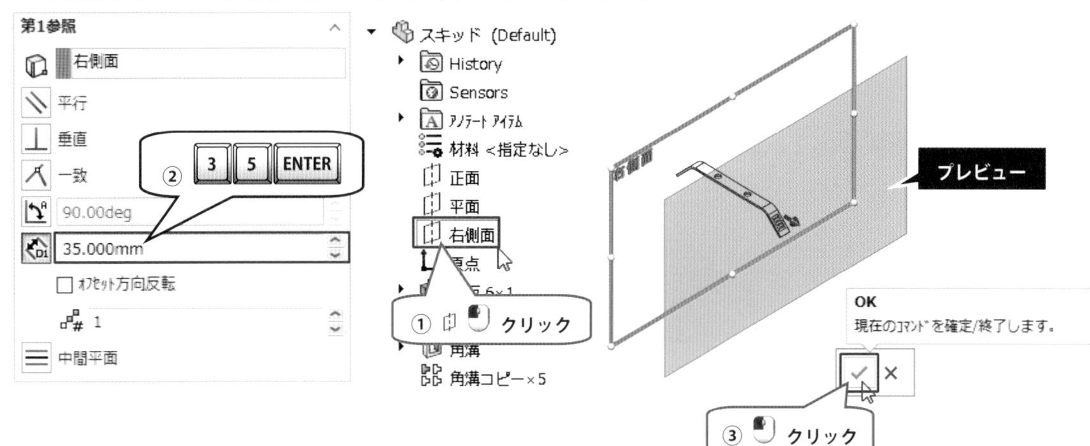

3. Feature Manager デザインツリーに《**平面 1**》が追加されます。
   この**参照平面**は、《**右側面**》に**平行**で **X プラス方向に 35mm オフセットした位置**にあります。

   原点
   平板 6×1
   3.4キリ
   角溝
   角溝コピー×5
   平面1

4. Feature Manager デザインツリーから《**平面 1**》を クリックし、**コンテキストツールバー**より ［**スケッチ**］を クリック。

5. ［**アイテムに鉛直**］（CTRL + 8） にて《**平面 1**》を正面に向けます。

6. ［**直線**］と ［**スケッチフィレット**］を使用して下図の**開いた輪郭**を作成します。

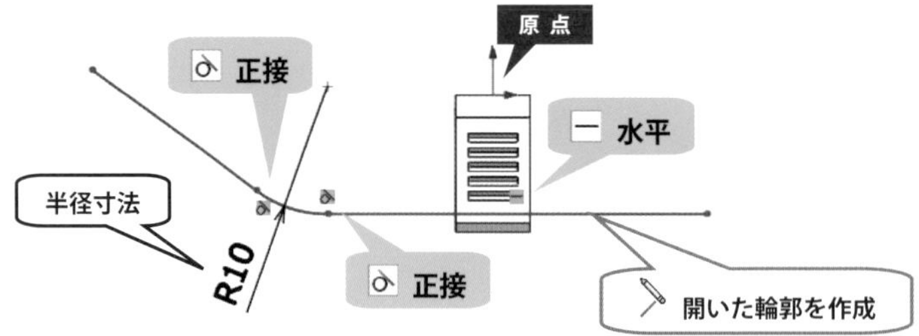

7. [**スマート寸法**] にて下図の**寸法**を記入してスケッチを**完全定義**させます。

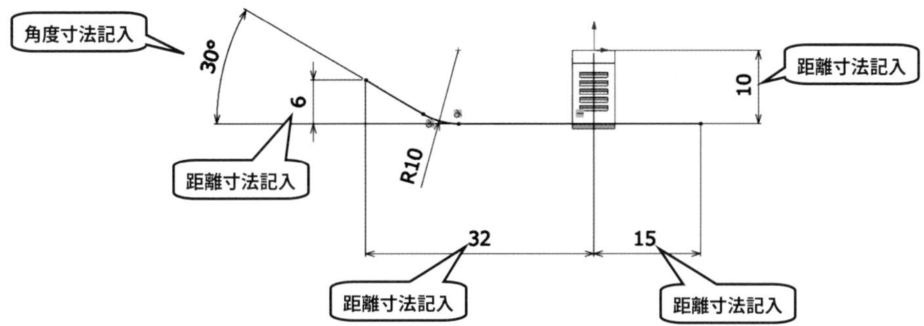

8. [**スケッチ終了**] を クリックし、スケッチの名前を <**パス**> に**変更**します。

9. Command Manager 【**フィーチャー**】タブより [**スイープ**] を クリック。
またはショートカットツールバーより [**スイープ**] を クリック。

10. **輪郭**が**単一**の**円形**の場合、スケッチを作成しなくても**パラメータ**で**定義**できます。
（※SOLIDWORKS2016 以降の機能です。以前のバージョンのご使用の方は、スケッチで直径 3mm の円を作成してください。）
「**円形の輪郭**」を 選択し、「**直径**」に <3 ENTER> と 入力。
「**パス**」はグラフィックス領域または**フライアウトツリー**より《 **パス**》を クリック。
プレビューを確認して [**OK**] ボタンを クリック。

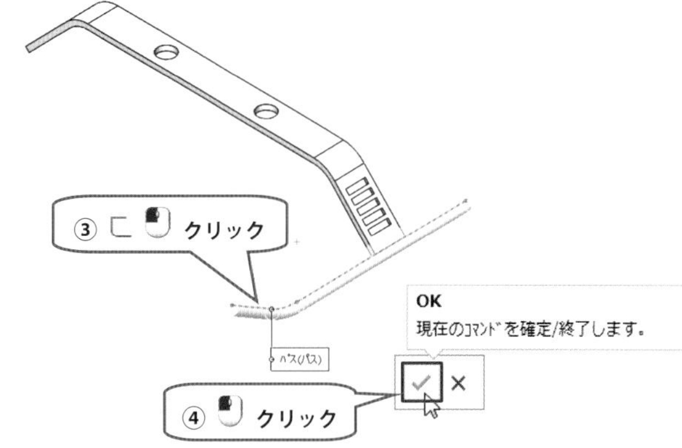

11. フィーチャーの名前を <**スキッドバー**> に**変更**します。

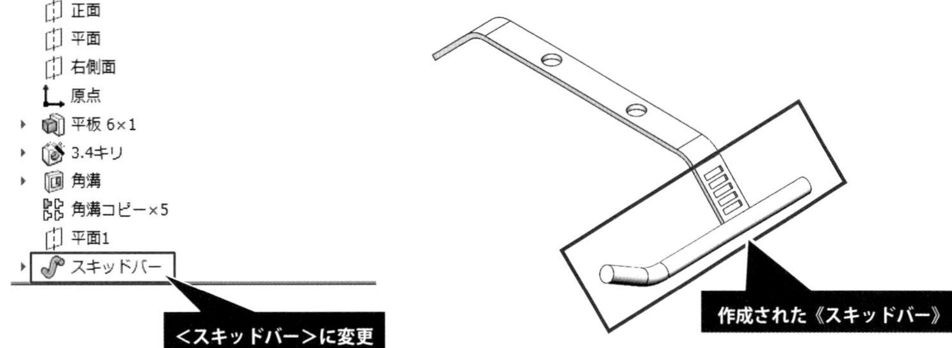

10.2.6 平面を曲面に変換する（ドーム）

［**ドーム**］は、モデルの **平面**を持ち上げて**曲面**に置き換えるフィーチャーです。

1. **メニューバー**の［**挿入**］＞［**フィーチャー**］＞［**ドーム**］を クリック。

2. Property Manager に「 **ドーム**」が表示されます。

「**ドーム化する面**」の**選択ボックス**が**アクティブ**になっているので、下図に示す**スキッドバー**の **端面**を クリック し、「**距離**」に＜1 . 5 ENTER＞と 入力。

プレビューを確認して ［**OK**］ボタンを クリック。

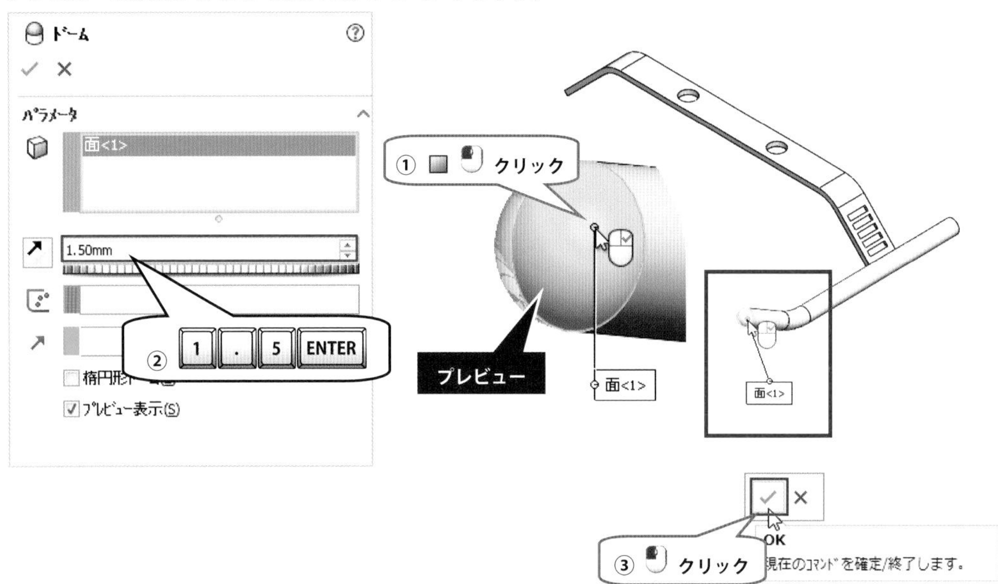

3. フィーチャーの名前を＜**端面ドーム**＞に**変更**します。**正接エッジを削除**して**曲面**を**確認**します。

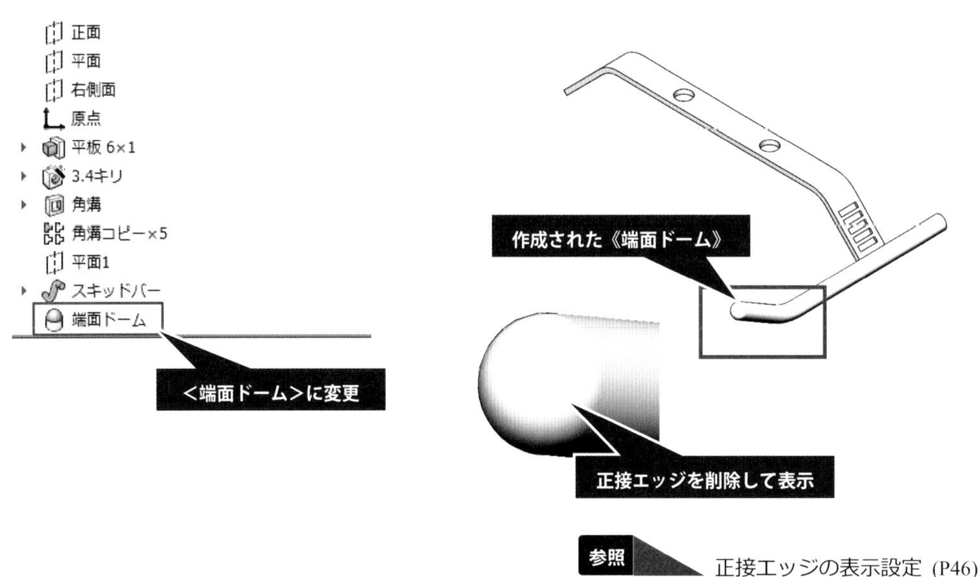

参照 正接エッジの表示設定 (P46)

POINT 連続ドーム

このオプションは ■ **選択面**が**多角形**モデルのときに選択可能です。

チェック ON（☑）にすると、**多角形すべての側面**が**均等**に**上方**へ**傾斜**します。
チェック OFF（□）にすると、選択解除すると**垂直方向**へ**せりあがり**ます。

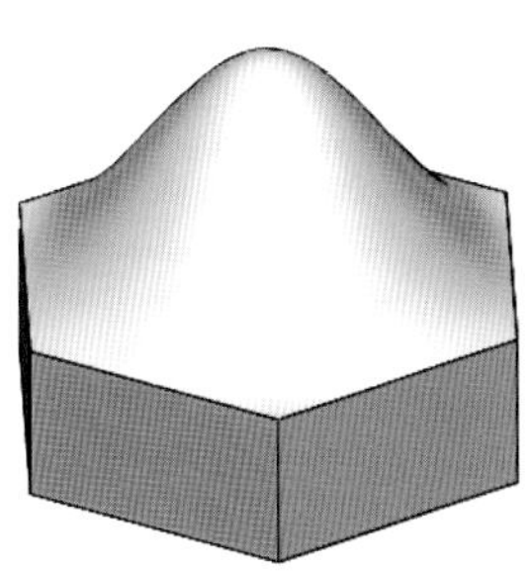

チェック ON（☑）

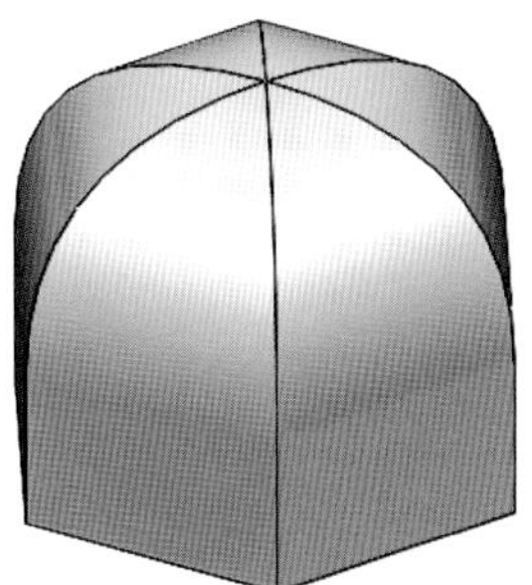

チェック OFF（□）

POINT 楕円ドーム

「**楕円ドーム**」をチェック ON（☑）にした場合、**楕円状**のドーム曲面を作成できます。

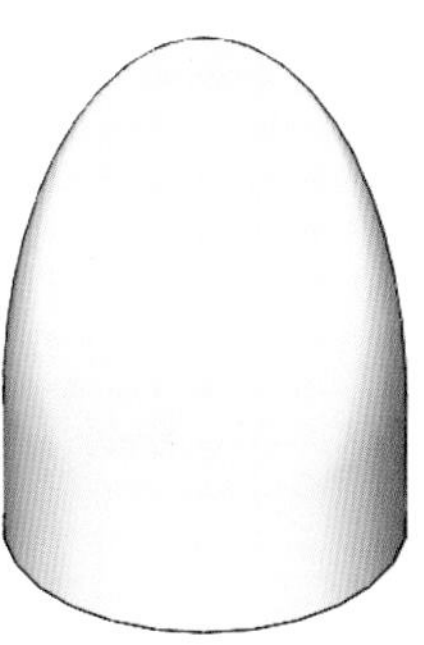

チェック ON（☑）

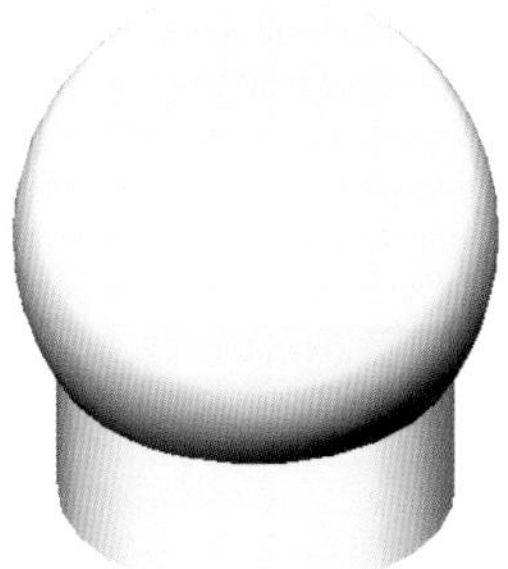

チェック OFF（□）

10.2.7　ミラーコピー

[ミラー] は、**平面あるいは平坦な面**の**反対側**に**対称**なフィーチャーまたはボディを**コピー**します。
コピー元を**シード**といい、**コピーしたもの**を**インスタンス**といいます。
シードに加えた**変更**は、**インスタンス**に**反映**されます。

フィーチャーのミラーコピー

《**角溝コピー×5**》、《**スキッドバー**》、《**端面ドーム**》を《**右側面**》をミラー面としてコピーします。

1. Command Manager【**フィーチャー**】タブの [**ミラー**] を クリック。

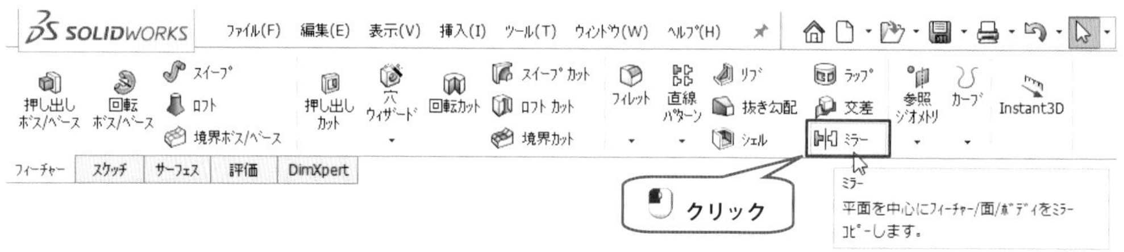

2. Property Manager に「**ミラー**」が表示されます。
   「**ミラー面／平面**」の**選択ボックス**が**アクティブ**になっているので、**フライアウトツリー**を▼**展開**して《**右側面**》を クリック。

   「**ミラーコピーするフィーチャ**」の**選択ボックス**が**アクティブ**になるので、**フライアウトツリー**またはグラフィックス領域より《**角溝コピー×5**》、《**スキッドバー**》、《**端面ドーム**》を クリック。
   プレビューを確認し、 [**OK**] ボタンを クリック。

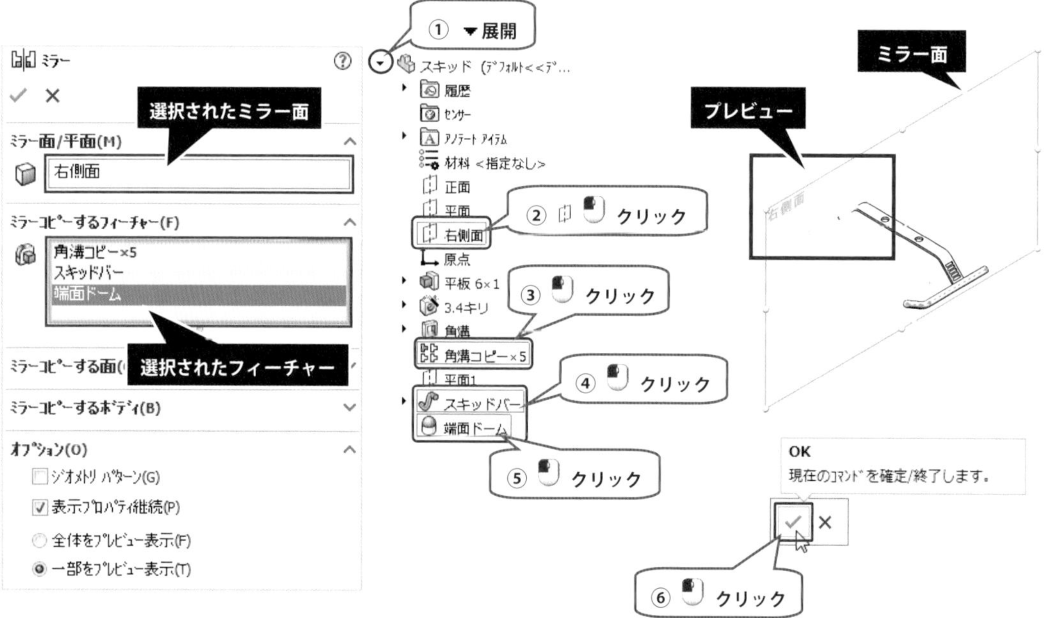

3. 選択した3つのフィーチャーが**ミラー面**（《右側面》）の**反対側**に**ミラーコピー**されます。
名前を <**スキッドミラー**> に**変更**します。

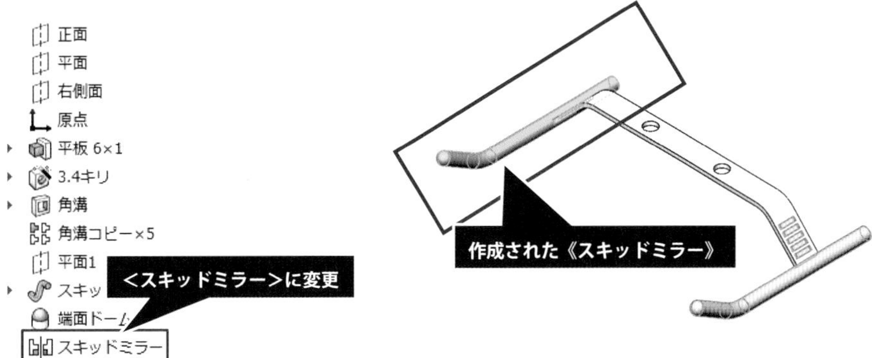

ボディのミラーコピー

ソリッドボディ単位で**ミラーコピー**できます。

1. Command Manager【**フィーチャー**】タブの［**ミラー**］を クリック。

2. 「**ミラー面／平面**」は、下図に示すソリッドボディの **面**を クリック。
「**ミラーコピーするボディ**」メニューを表示させ、グラフィックス領域より **ソリッドボディ**を クリック。「**オプション**」の「**ソリッドのマージ**」をチェック ON（☑）。
プレビューを確認し、［**OK**］ボタンを クリック。

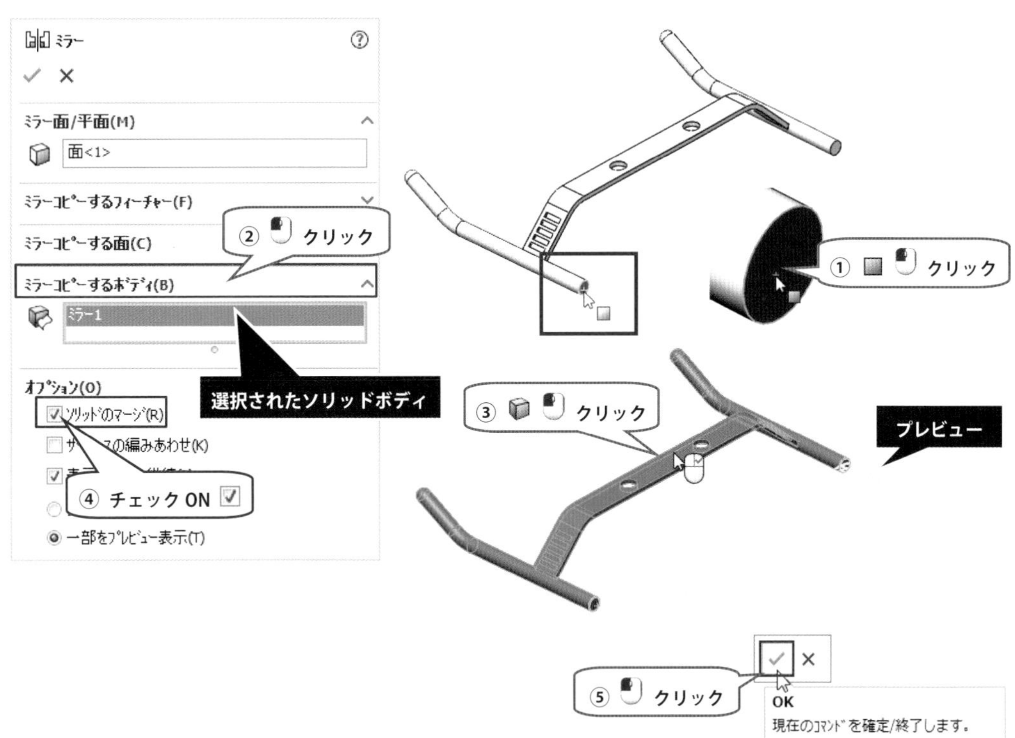

3. ソリッドボディが選択したミラー面の反対側にコピーされ、既存のソリッドボディにマージ（吸収）されます。フィーチャーの名前を<ボディミラー>に変更します。
マージさせたくない場合は、「オプション」の「ソリッドのマージ」をチェック OFF（□）にします。

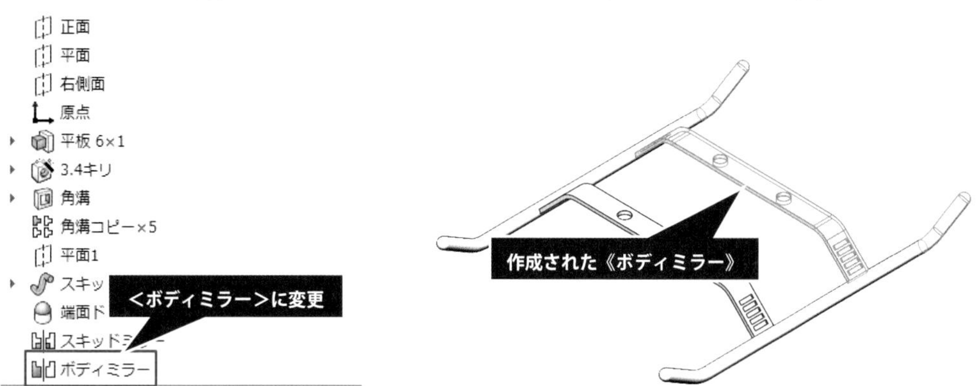

4. Feature Manager デザインツリーから《材料<指定なし>》を右クリックし、
メニューより［材料編集（A)］をクリック。

5. 『材料』ダイアログが表示されるので［solidworks materials］>［アルミ合金］を展開し、
［1060 合金］をクリック。適用(A)、閉じる(C) をクリック。

6. ［外観］はタスクパネルにある「外観、シーン、デカル」の外観フォルダーから選択できます。
{外観} > {金属} > {アルミニウム} より［磨かれたアルミニウム］をクリック。

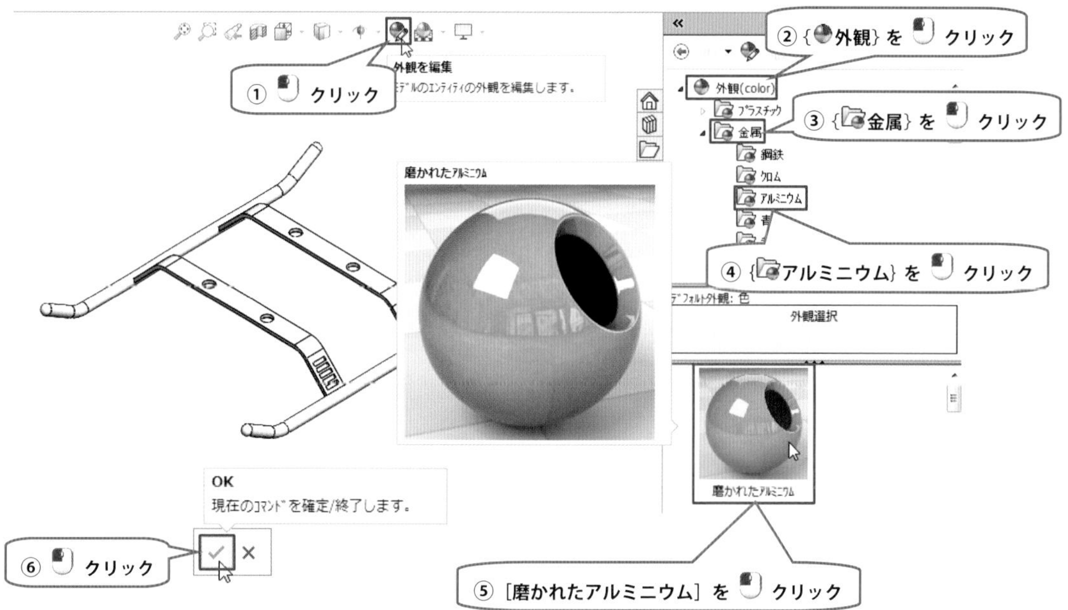

7. これで {スキッド} 部品の完成です。
［保存］で上書き保存をし、ウィンドウ右上の × をクリックして閉じます。
（※完成モデルはダウンロードフォルダー {Chapter10} に保存されています。）

Chapter11

ソリッドモデリング（5）

ヘリコプターのパーツ｛パイロット席｝｛フロントドア｝を作成しながら下記の機能の理解を深めます。

抜き勾配

- *抜き勾配フィーチャー*
- *抜き勾配分析（評価）*

ロフト

- *ガイドカーブの使用*

リブフィーチャー

オペレーションフィーチャー

- *シェル*
- *複数半径フィレット*
- *面フィレット*

スケッチ

- *対称形のスケッチ*
- *スプライン*

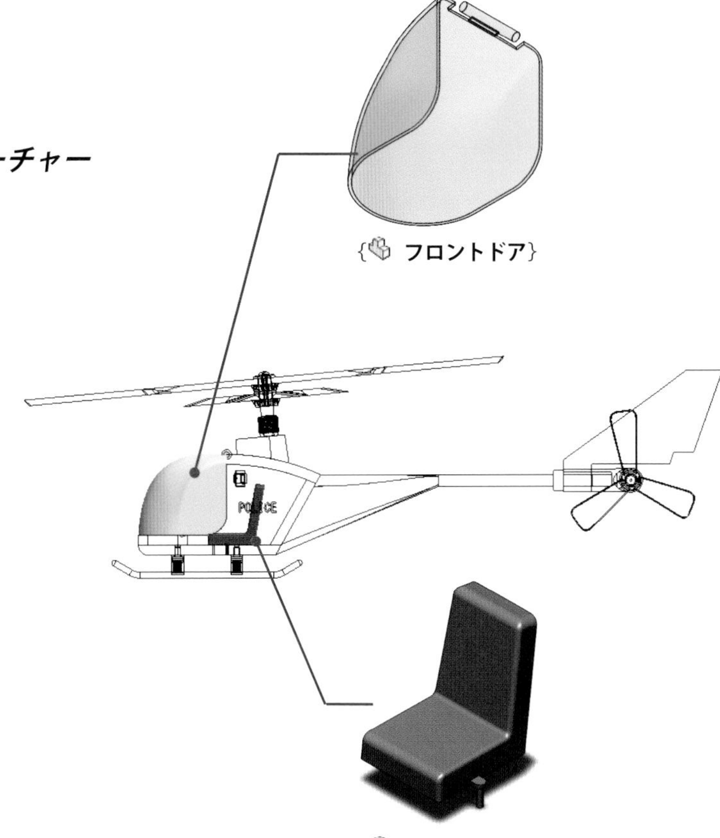

11.1 パイロット席を作成する

ヘリコプターの構成部品｛ **パイロット席**｝を新規部品として作成します。

11.1.1　準備

新規部品ドキュメントを作成し、名前を付けて保存します。

1. **標準ツールバー**の ［**新規**］を クリック。

2. 『**新規 SOLIDWORKS ドキュメント**』ダイアログが表示されます。

ビギナー で ［**部品**］を クリックし、 OK を クリック。

3. 画面右下の**ステータスバー**で**単位系**を［**MMGS**］に設定します。
現在の単位系を クリックし、表示されるリストから［**MMGS（mm、g、秒）**］を クリック。

4. **標準ツールバー**の ［**保存**］を クリック。

5. 『**指定保存**』ダイアログが表示されます。
保存先フォルダーを｛ **ヘリコプター**｝にし、「**ファイル名**」に<**パイロット席**>と 入力。
保存(S) を クリック。

11.1.2　基準ボディの作成

［**押し出しボス／ベース**］で**基準となるボディ**を作成します。

1. Feature Manager デザインツリーから《 **右側面**》を クリックし、**コンテキストツールバー**より ［**スケッチ**］を クリック。

2. ［**直線**］を使用して下図の**閉じた輪郭**を作成します。
［**一致拘束**］、［**水平拘束**］、［**鉛直拘束**］、［**垂直拘束**］を自動または手動にて追加します。

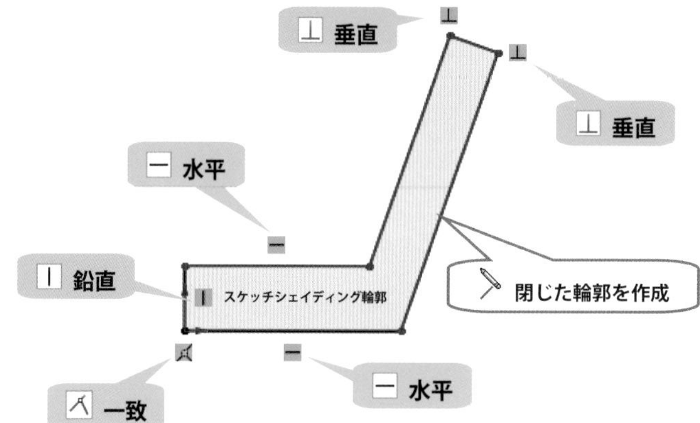

3. [**スマート寸法**] にて下図の**寸法**を記入してスケッチを**完全定義**させます。

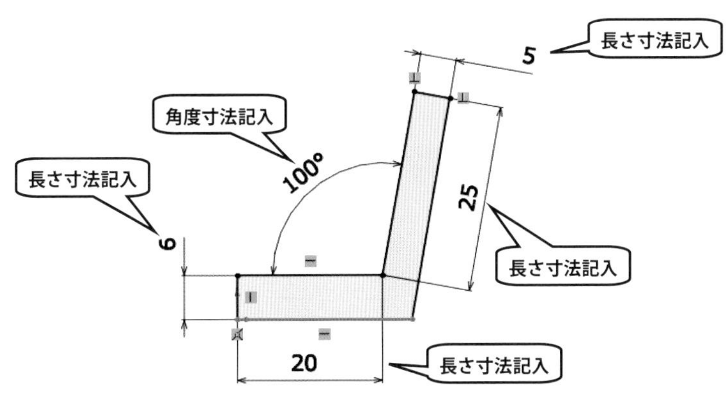

4. Command Manager【**フィーチャー**】タブの [**押し出しボス／ベース**] を クリック。
「**押し出し状態**」より [**中間平面**] を選択し、「**深さ／厚み**」に <2 2 ENTER> と 入力。
プレビューを確認し、 [**OK**] ボタンを クリック。

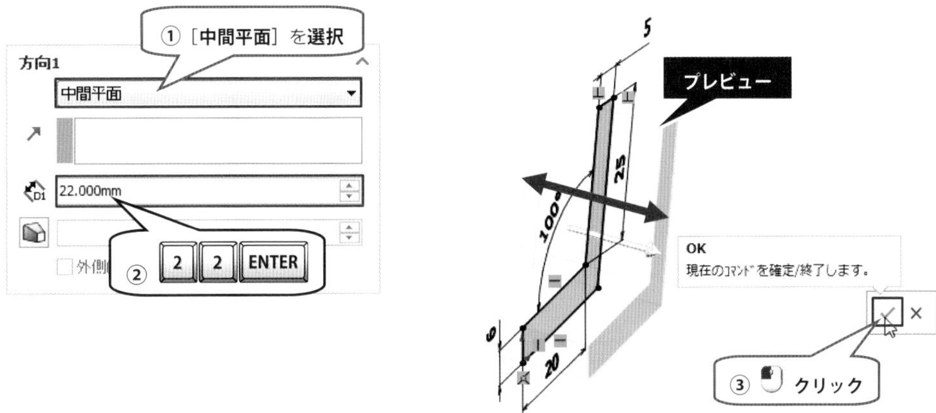

5. フィーチャーの名前を <**基準ボディ**> に**変更**します。

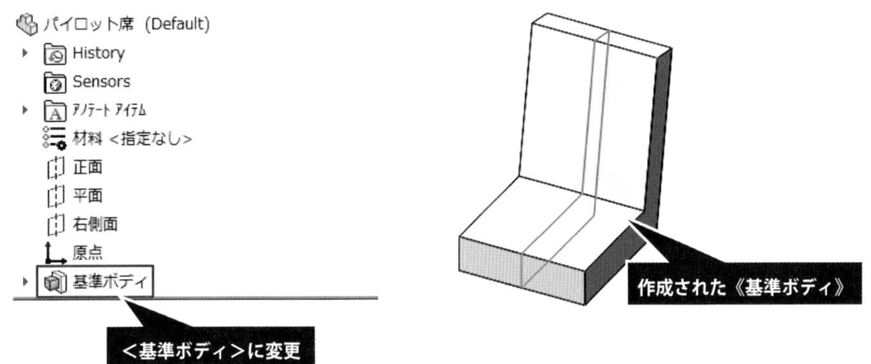

11.1.3　抜き勾配

［**抜き勾配**］は、選択した**基準面**から指定した**角度**で**勾配**を作成します。

勾配指定面は複数選択でき、ソリッドモデルおよびサーフェスモデルに適用できます。

1. Command Manager【**フィーチャー**】タブより［**抜き勾配**］を クリック。

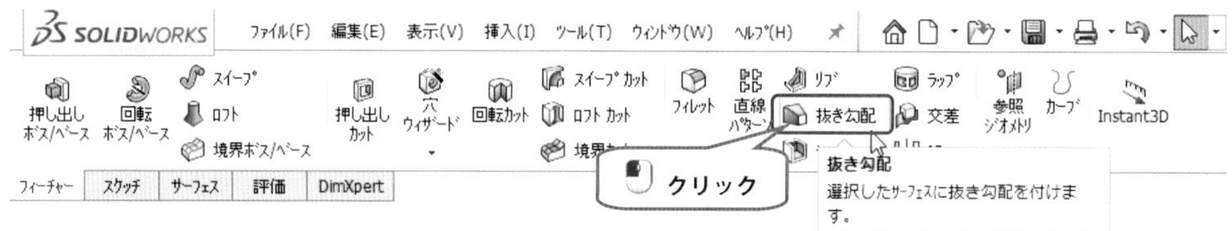

2. Property Manager に「**抜き勾配 1**」が表示されます。

   「**抜き勾配タイプ**」は「**ニュートラル平面**」を 選択し、下図に示す **面**（底面）を クリック。

   表示される矢印は**抜き勾配**の**方向**を表し、［**反対方向**］を クリックすると**反転**します。

   抜き勾配の方向は下図に示す向き（**上向き**）にし、「**抜き勾配角度**」に＜3 ENTER＞と 入力。

   「**抜き勾配面**」として下図に示す **3 つの垂直な** **面**を クリック。

   ［**OK**］ボタンを クリック。

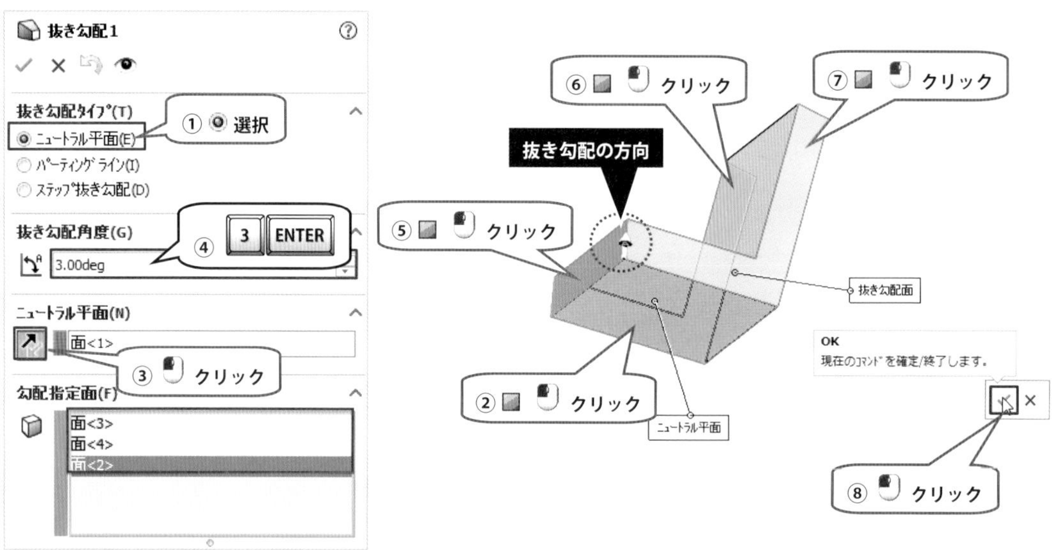

3. **ニュートラル平面**を**基準**として **3 度の勾配**が付けられます。（下図赤枠内の エッジ）

   フィーチャーの名前を＜**抜き勾配 3 度**＞に**変更**します。

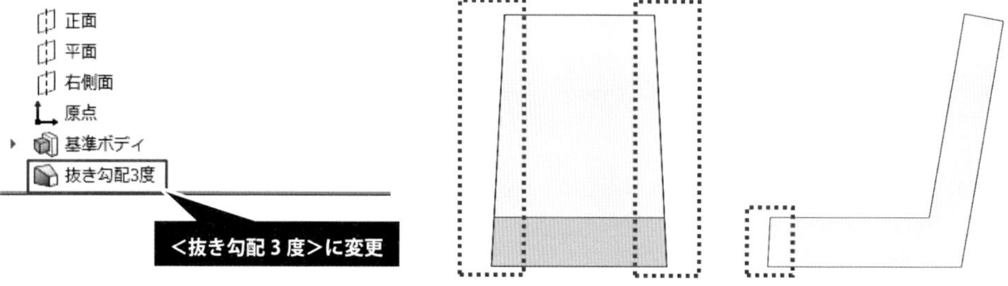

 POINT
抜き勾配のタイプ

抜き勾配のタイプには次の３つがあります。

タイプ	説　明
ニュートラル平面	モデルの平らな **面**または **参照平面**を選択します。 抜き勾配を反対方向に指定する場合は、［**反対方向**］を クリックします。 抜き勾配面 ニュートラル平面
パーティングライン	ライン（モデルエッジ）を基準として抜き勾配を付けることができます。 「**角度を調整**」オプションが使用できます。 パーティングライン
ステップ抜き勾配のみ	以下の２つの方法から選択します。 「**テーパ付きステップ**」は、パーティングラインに出来る表面がテーパーになったサーフェスと同じ方法で作成されます。 「**垂直ステップ**」は、オリジナル面と垂直に交わる面を作成します。

POINT **抜き勾配分析**

[**抜き勾配分析**] は、設定された抜き勾配角度を基に部品を型から抜くのに**十分な抜き勾配があるかどうか**を**チェック**するツールです。

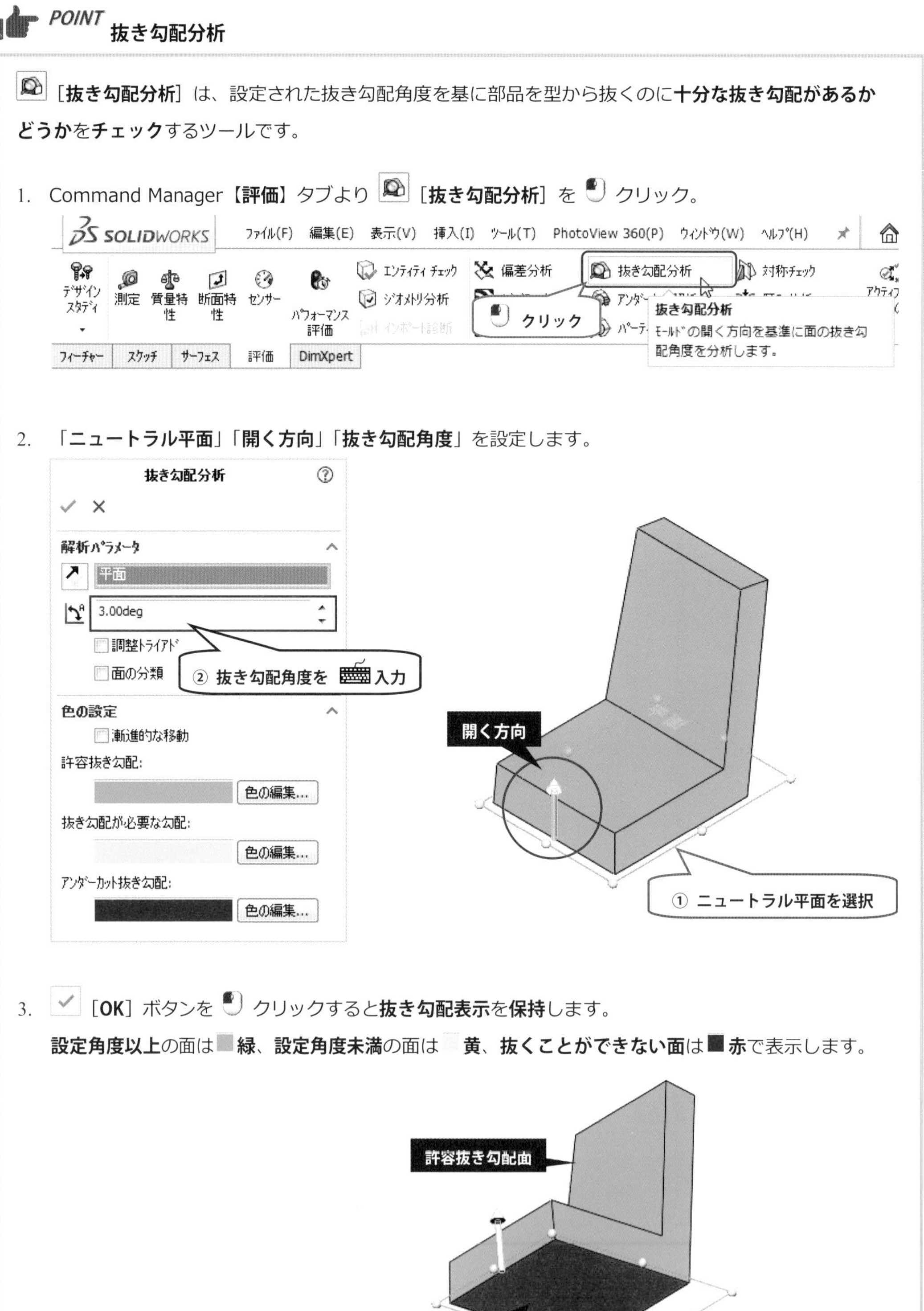

4. [**抜き勾配分析**] を クリックすると表示を解除します。

POINT DraftXpert

DraftXpert ツールを使用すると、抜き勾配を付ける**順序**を**システム**に任せて複数の異なる角度の抜き勾配フィーチャーを追加できます。抜き勾配を「**変更**」「**削除**」することも可能です。

1. Command Manager【**フィーチャー**】タブより [**抜き勾配**] を クリック。

2. Property Manager の DraftXpert を クリックするとメニューが切り替わります。

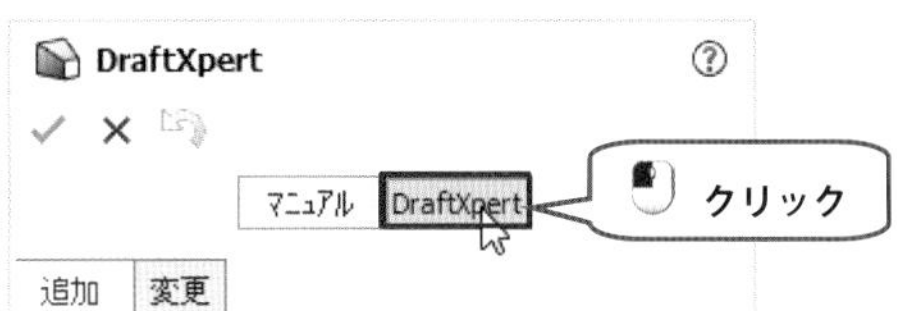

3. 「**ニュートラル平面**」「**開く方向**」「**抜き勾配角度**」「**抜き勾配面**」を設定します。

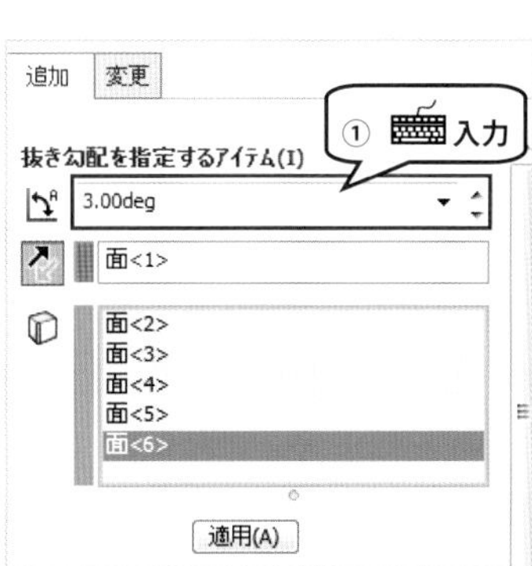

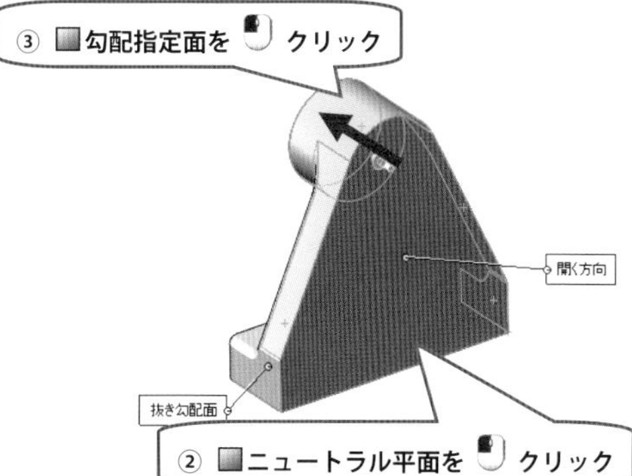

4. 適用(A) を クリックすると**抜き勾配**が**適用**されます。
このとき、フィーチャーの順序に**矛盾**がある場合にシステムが**自動的**に**修復**を行います。
抜き勾配を付ける面に隣接したフィレット面などがある場合、抜き勾配フィーチャーは、
履歴上フィレットフィーチャーより前（デザインツリーでは上側）に挿入されます。

5. [**OK**] ボタンを クリックして操作を終了します。

11.1.4　***複数半径フィレット***

「**複数半径フィレット**」オプションを使用すると、**エッジ**や**面**に**異なる半径値**を持つフィレットを作成できます。なお、共通エッジを持つ面に対して複数半径を割り当てることはできません。

1. Command Manager【**フィーチャー**】タブの［**フィレット**］をクリック。

2. 「**フィレットタイプ**」より［**固定サイズフィレット**］をクリック。
   「**半径**」に<1 ENTER>と入力し、「**複数半径フィレット**」をチェックON（☑）。
   下図に示す**エッジ**をクリックすると、**エッジ**ごとに 半径: 1mm が表示されます。

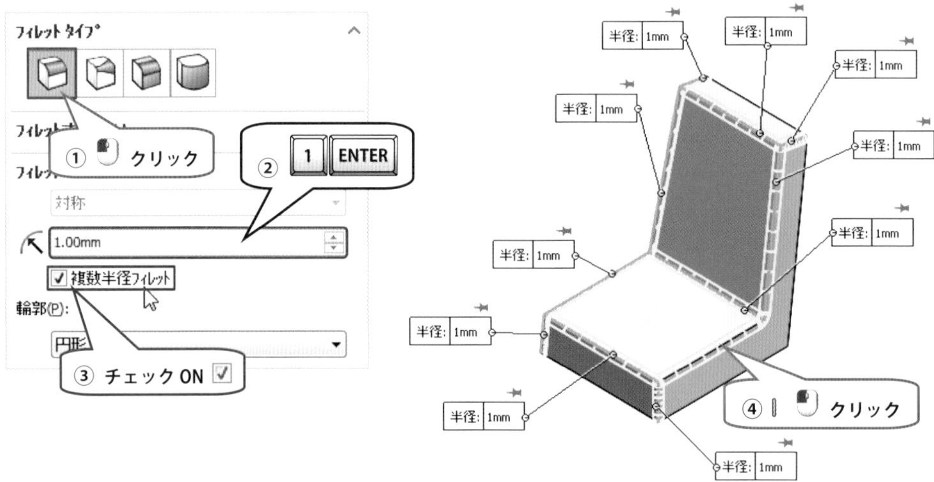

3. **エッジ**ごとに**半径値**を**変更**できます。
   下図に示す 半径: 1mm の**数値ボックス**をクリックし、<2 ENTER>と入力。

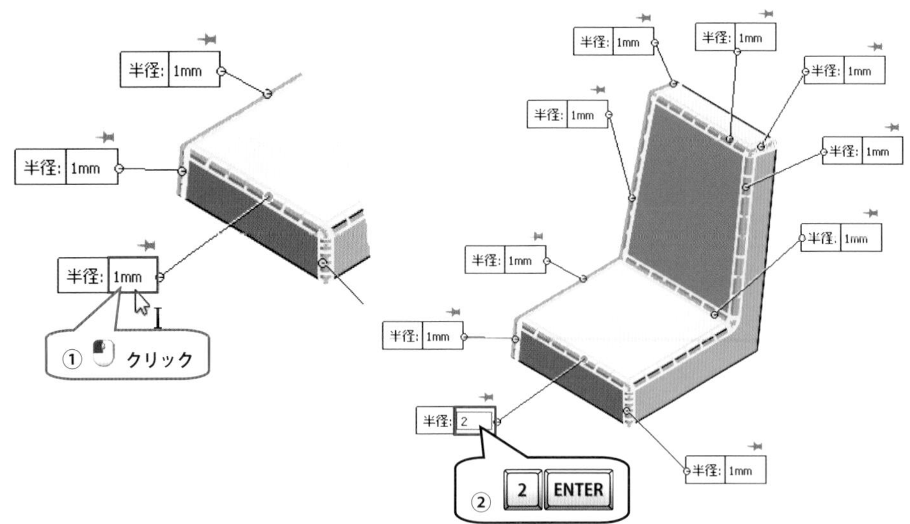

4. 下図に示す3つの**半径値**も同様の方法で <2 ENTER> で**変更**し、 [**OK**] ボタンを クリック。

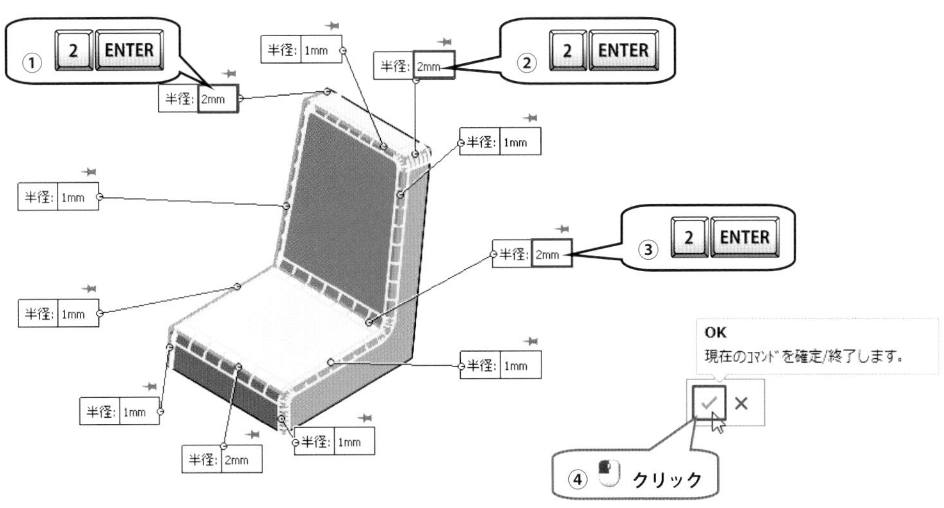

5. フィーチャーの名前を <**フィレット R2&R1**> に**変更**します。

下図は正接エッジを削除して表示しています。

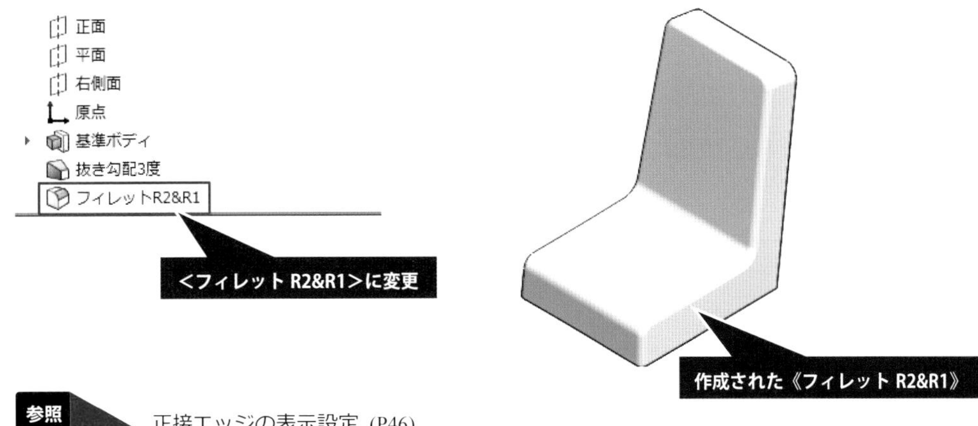

参照 正接エッジの表示設定 (P46)

POINT 選択アクセラレータツールバー

Property Manager の「**選択ツールバーを表示**」をチェック ON（☑）にすると、**エッジ**を クリックした際に「**選択アクセラレータツールバー**」を表示します。ツールバーに表示されるアイコンは選択したエッジ、形状、状況などで変化し、アイコンを クリックするとエッジが**自動選択**されます。

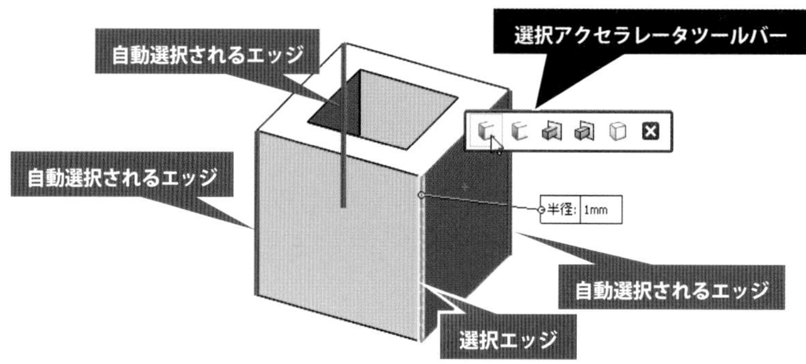

「**選択アクセラレータツールバー**」はバージョンにより表示方法が異なります。

SOLIDWORKS2010〜2012	【**FilletXpert**】タブを クリックし エッジを クリックすると表示します。
SOLIDWORKS2013〜2016	【**マニュアル**】タブを クリックし、エッジを クリックすると表示します。
SOLIDWORKS2017〜2019	【**マニュアル**】タブの「**選択ツールバーを表示**」をチェック ON（☑）にし、エッジを クリックすると表示します。

POINT セットバックパラメータ

「**セットバックパラメータ**」では、**3 つ以上のフィレットエッジ**が**単一**の **頂点**からフィレットがそれぞれ**ブレンドし始める場所までの距離**を設定できます。

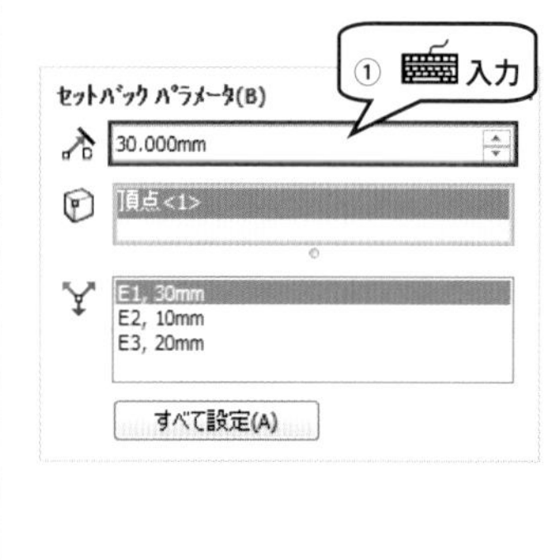

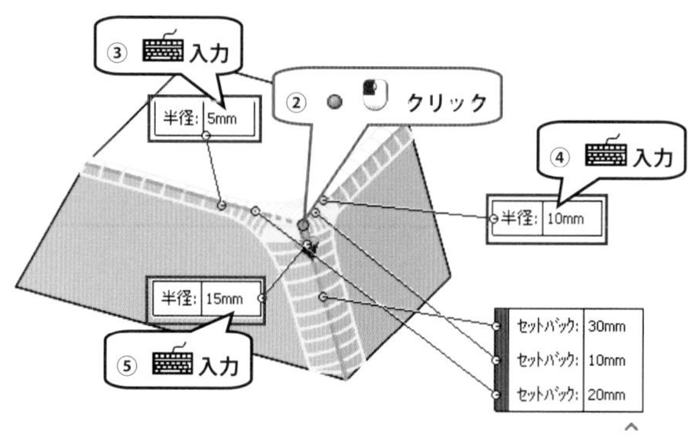

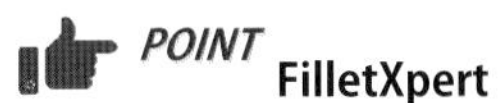

POINT FilletXpert

FilletXpert ツールを使用すると、フィレットの**順序**を**システム**に任せて**複数**のフィレットを素早く作成できます。FilletXpert は、**半径固定フィレット**の「**管理**」「**整理**」「**並び替え**」をします。

1. Command Manager **【フィーチャー】**タブの [**フィレット**] を クリック。
2. Property Manager の **【FilletXpert】**タブを クリック。

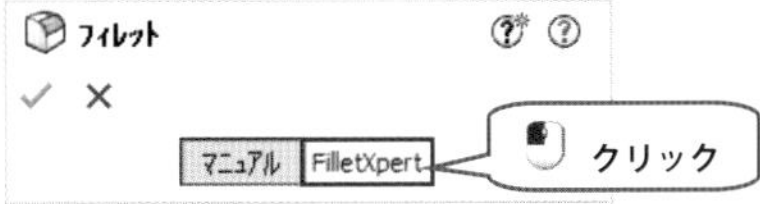

3. **【追加】**タブでは **面**、 **エッジ**に**フィレット**を**追加**します。

   フィレットアイテムを選択して **「半径」**を 入力し、 **適用(A)** を クリック。
   Property Manager は閉じませんので、続けてフィレットを追加できます。

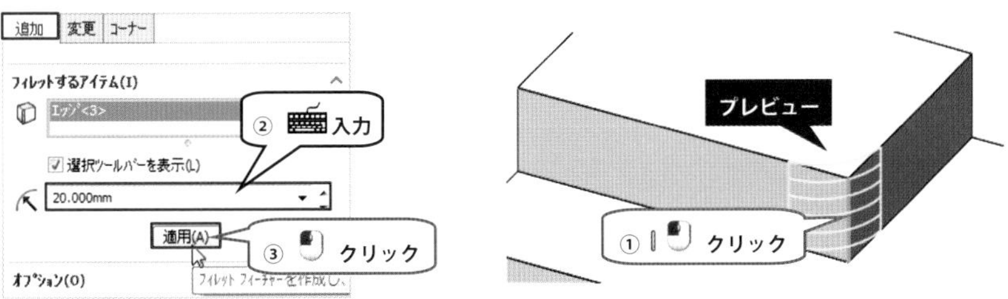

4. **【変更】**タブでは**フィレット半径**の**変更**と**削除**が可能です。

   変更する場合は**.半径値**を入力し、 **フィレット面**を選択して **サイズを変更(R)** を クリック。

   削除する場合は、 **フィレット面**を選択して **削除(M)** を クリック。

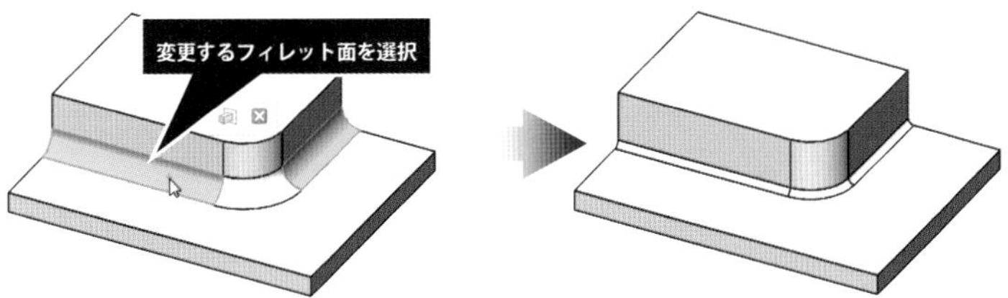

5. **【コーナー】**タブでは、コーナー部のフィレットの作成方法を変更ができます。

   コーナー部の**フィレット**を選択し、 **その他の方法(A)** を クリックすると方法を提案するダイアログが表示されます。**方法**を**選択**すると**適用**されます。

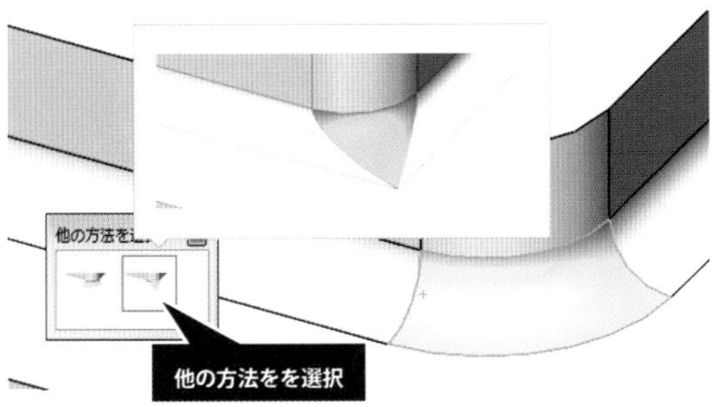

 POINT フィレットオプション

［**固定サイズフィレット**］では、次のフィレットオプションを使用できます。

オプション	説明
ラウンドコーナー	フィレットエッジの合わせ目がスムーズなフィレットを作成します。 フィレットはマーブルのように鋭角のコーナーを回ります。 チェック ON（☑）　チェック OFF（□）
フィーチャーを保持	既存のフィーチャーを完全に囲んだ場合、フィレットの動作をコントロールします。 チェック ON（☑）　チェック OFF（□）
面を通して選択	チェックON（☑）にすると、面の裏側にある**隠れたエッジ**の選択を可能にします。 隠れたエッジ ボス - 押し出し1

11.1.5 薄肉化（シェル）

[シェル] は、ソリッドボディの**厚み**を指定して**薄肉化**するフィーチャーです。

同時に１つまたは複数をボディから削除できます。**基準ボディ**を**薄肉化**してみましょう。

1. Command Manager 【**フィーチャー**】タブより [**シェル**] を クリック。

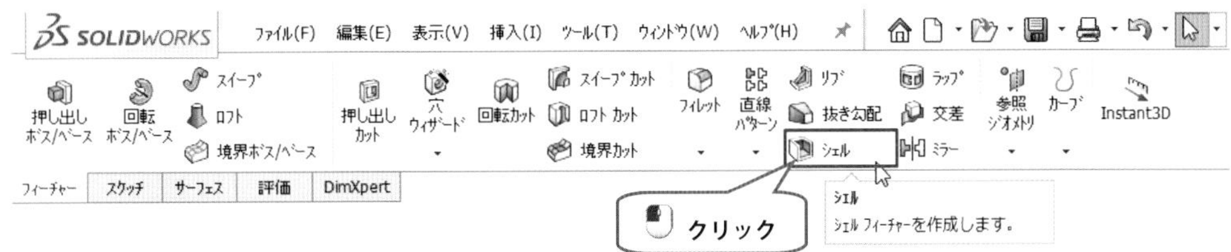

2. Property Manager に「**シェル 1**」が表示されます。

   「**厚み**」に<1 ENTER>と入力し、 [**OK**] ボタンを クリック。

   [**断面表示**] にて「**1mm**」の**肉厚**で**中がくり貫かれた**ことを確認します。

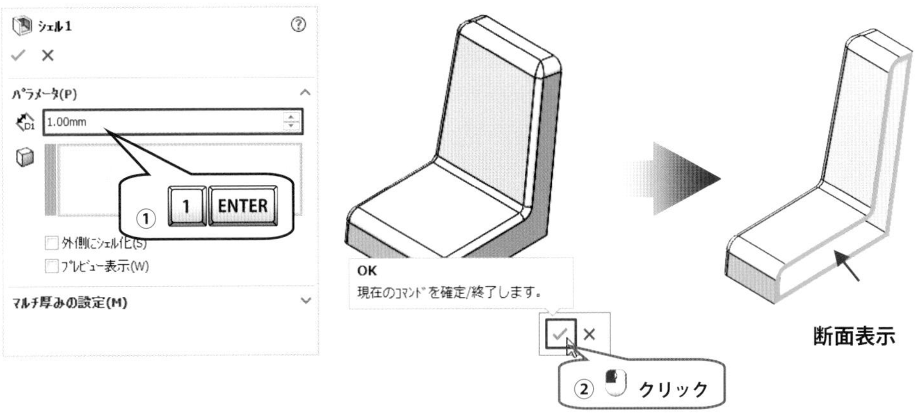

3. Feature Manager デザインツリーから [**シェル 1**] を クリックし、**コンテキストツールバー**より [**フィーチャー編集**] を クリック。

4. 「**削除する面**」の**選択ボックス**が**アクティブ**なっているので、下図に示す **面**（底面と背面）を クリックして選択します。 [**OK**] ボタンを クリックすると、選択した **面**が**削除**されます。

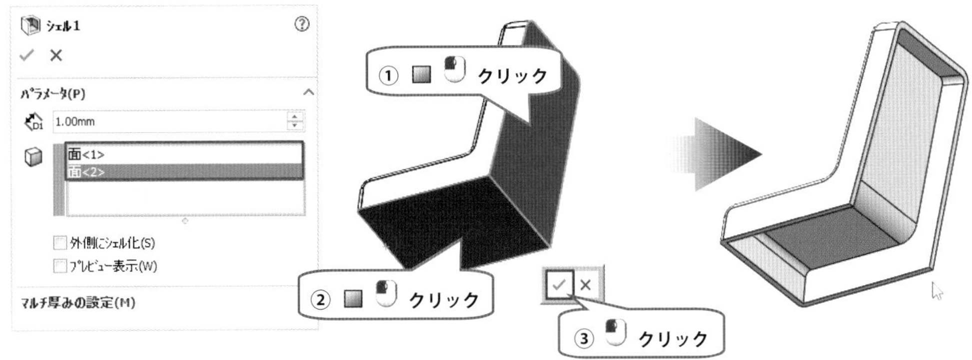

5. フィーチャーの名前を<**薄肉化 1mm**>に**変更**します。

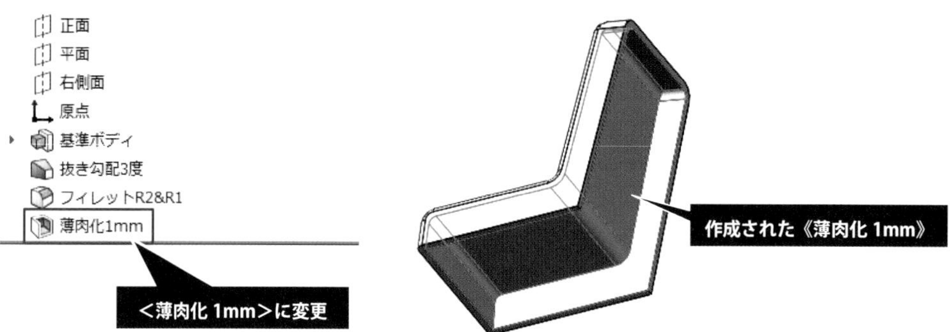

POINT シェル化の面選択

シェル化によってモデルの面を削除または空洞化します。下表に例を示します。

削除する面	結　果
1 面	削除面
複数面	削除面 削除面 削除面
なし	

POINT マルチ厚みの設定

「**マルチ厚みの設定**」は、**面ごと**に**別々の厚み**をもったシェルを作成できます。

1. 「**マルチ厚みの設定**」メニューを表示させ、「**マルチ厚みの面**」の**選択ボックス**を クリック。

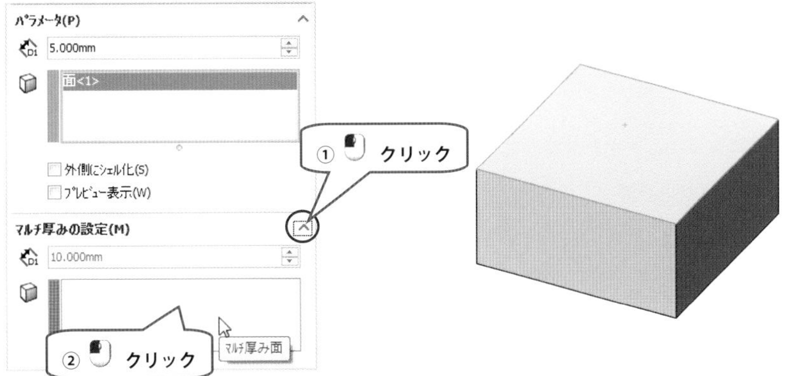

2. **厚みを変更**する **面**をグラフィックス領域より クリックして選択します。

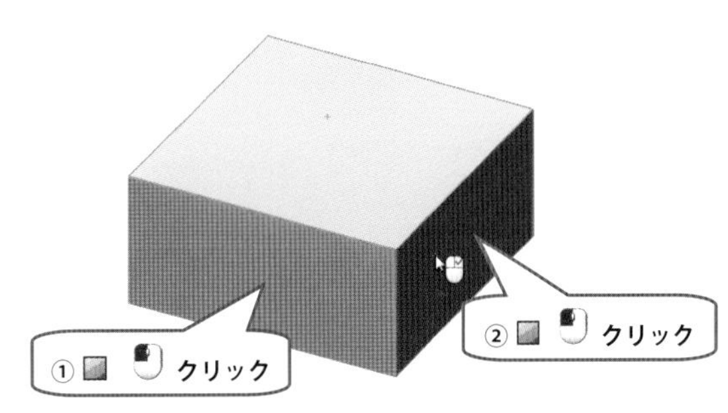

3. 「**マルチ厚みの面**」より **面**を 選択し、**面ごと**の 「**厚み**」を 入力。

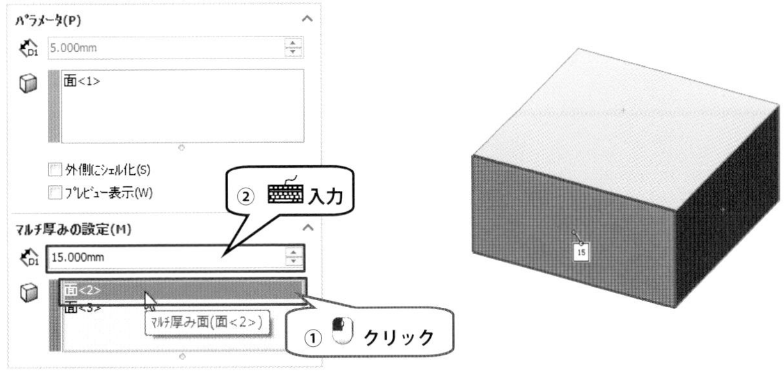

 POINT

シェル化で発生するエラー

シェルは以下の理由で実行時に**エラーが発生**する場合があります。

- シェルに**理論上計算できない厚み**が設定してある
- 厚みが**最小曲率半径**を超えている
- モデルにシェル化できない**三角面**がある
- エッジに**微小面**がある

シェルの作成に**失敗**した場合、**エラーメッセージ**や**ツール**が表示されます。

「**エラー診断**」は Property Manager から実行できます。

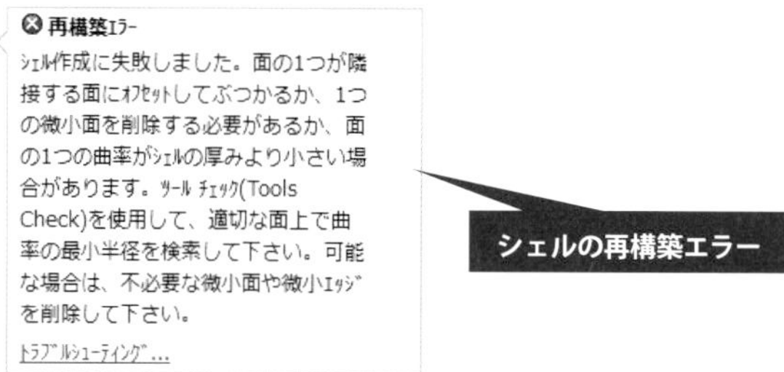

- 「**ボディ全体**」は、ボディ全体の**曲率の最小半径**を**レポート**します。
- 「**エラー面**」は、**ボディ全体を診断**してシェル化に失敗した面のみの最小の曲率半径を識別します。
- [**ボディ／面のチェック(C)**] を クリックすると**診断ツール**を実行します。
- [**オフセットサーフェスへ移動(G)**] を クリックすると［**オフセットサーフェス**］が実行されます。

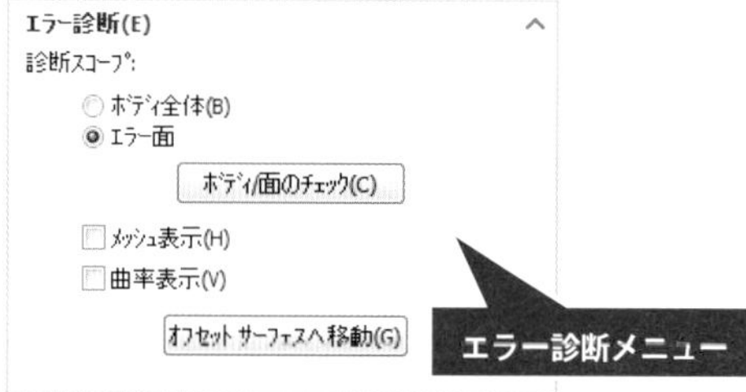

11.1.6　補強板を作成する（リブ）

［**リブ**］は、**補強板**を作成するためのフィーチャーです。

開いているスケッチ、**閉じているスケッチ**どちらも使用でき、作成する境界面まで自動的にエンティティを延長しますので、**最小限のスケッチ**から作成できます。

エンティティに「**厚さ**」「**方向**」「**抜き勾配**」（任意）を指定して作成します。

1. 下図に示す **面**（モデルの底面）を クリックし、**コンテキストツールバー**より ［**スケッチ**］を クリック。

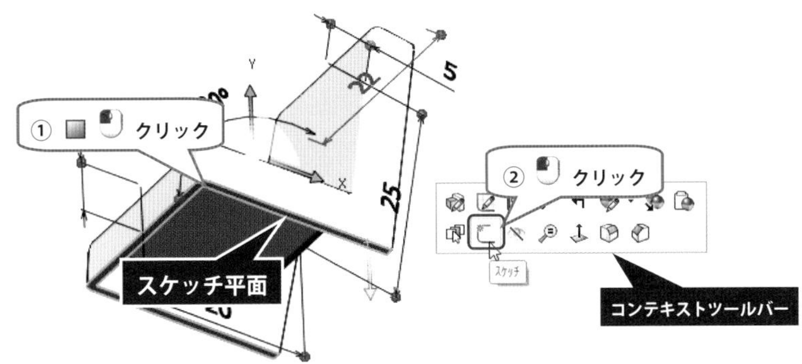

2. ［**アイテムに鉛直**］（CTRL ＋ 8ゆ）にて選択した **面**を正面に向けます。

3. ［**直線**］を使用して右図のスケッチを作成します。

　直線は**自動的**に**延長**しますので**短め**にします。

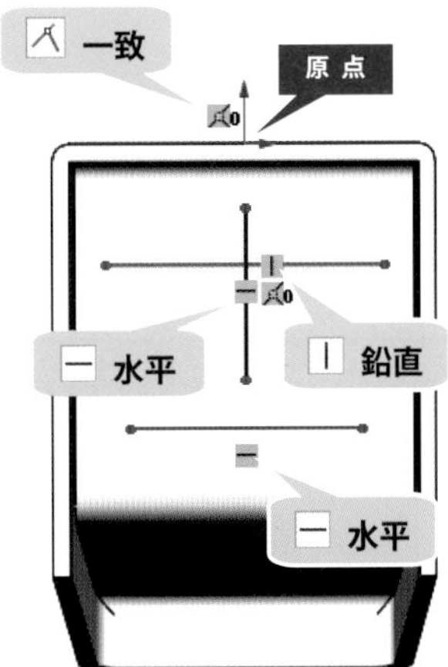

4. ［**スマート寸法**］にて右図の**寸法**を記入します。

　スケッチは**未定義**のままです。

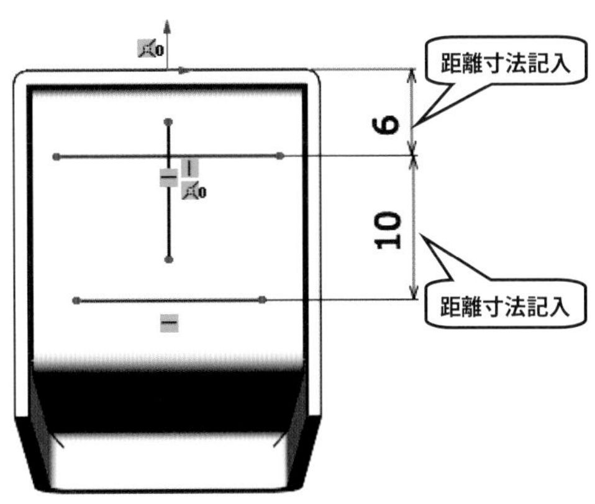

5. Command Manager 【フィーチャー】タブより [リブ] を クリック。

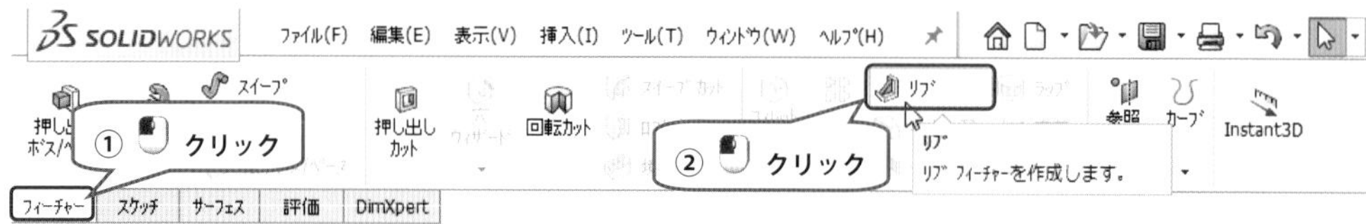

6. Property Manager に「リブ 1」が表示されます。

灰色の矢印（**ハンドル**）は**押し出す方向**を意味しており、**基準ボディ側**に向いていることを確認します。

「**展開ラインの厚み**」に <0 . 5 ENTER> を 入力。

[**抜き勾配オン／オフ**] を クリックし、「**抜き勾配角度**」に <3 ENTER> を 入力。

プレビューを確認して [**OK**] ボタンを クリック。

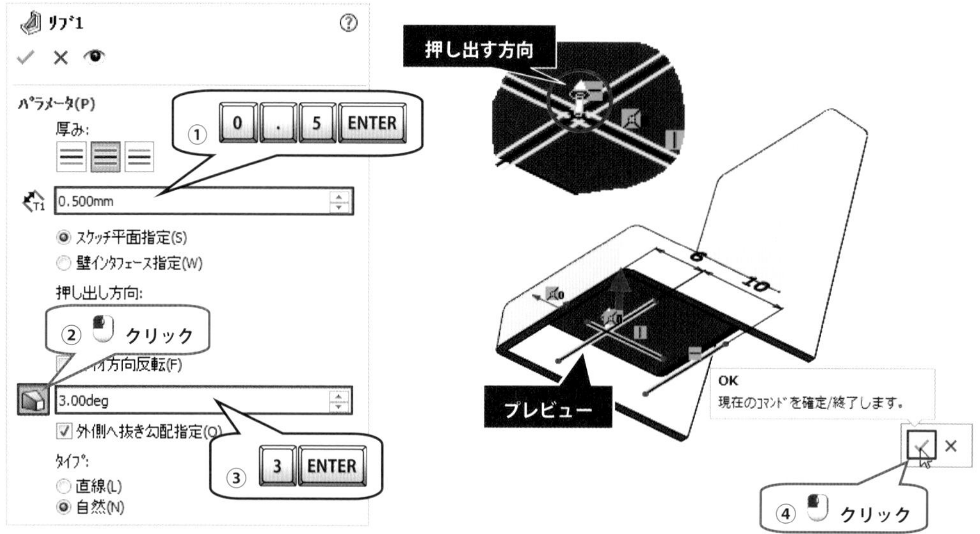

7. フィーチャーの名前を<**補強板 1**>に**変更**します。

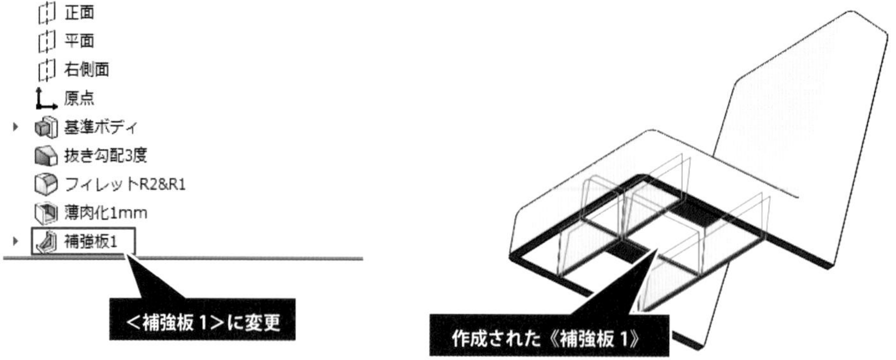

8. 下図に示す■**面**（モデル背面の斜面）を クリックし、**コンテキストツールバー**より [**スケッチ**] を クリック。

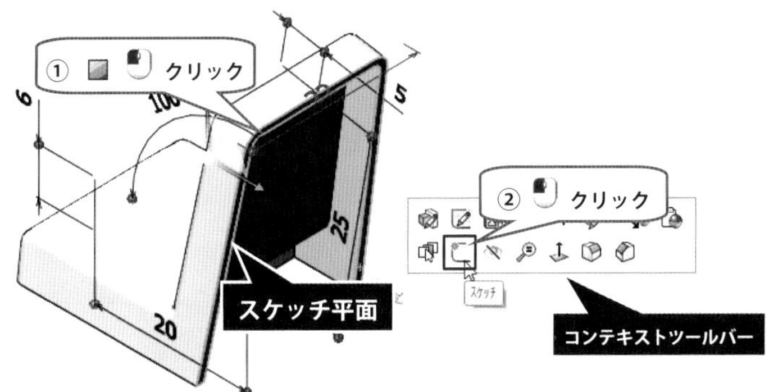

9. [**アイテムに鉛直**]（CTRL + 8ゆ）にて選択した■**面**を正面に向けます。

10. [**直線**] を使用して右図のスケッチを作成します。

直線は**自動的**に**延長**しますので**短め**にします。

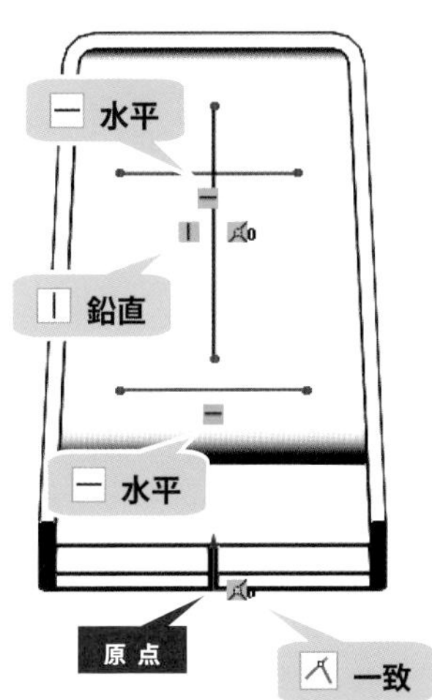

11. [**スマート寸法**]にて右図の**寸法**を記入します。

スケッチは**未定義**のままです。

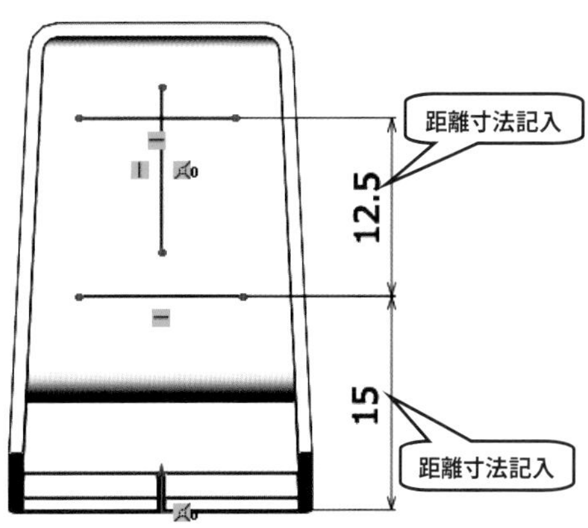

12. Command Manager **【フィーチャー】**タブより [**リブ**] を クリック。

13. 「**展開ラインの厚み**」に<0 . 5 ENTER>と入力。

「**抜き勾配オン／オフ**」を クリックし、「**抜き勾配角度**」に<3 ENTER>と入力。

プレビューを確認して [**OK**] ボタンを クリック。

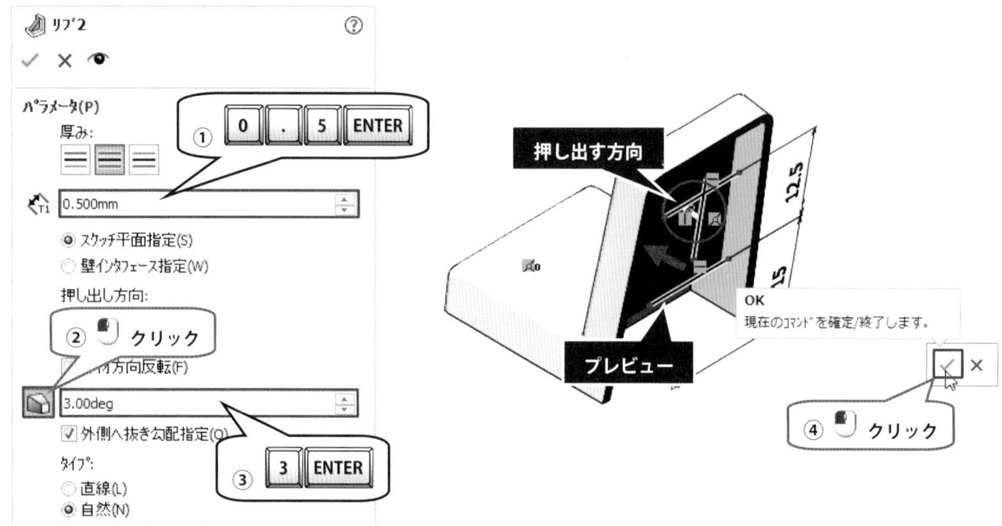

14. フィーチャーの名前を<**補強板 2**>に**変更**します。

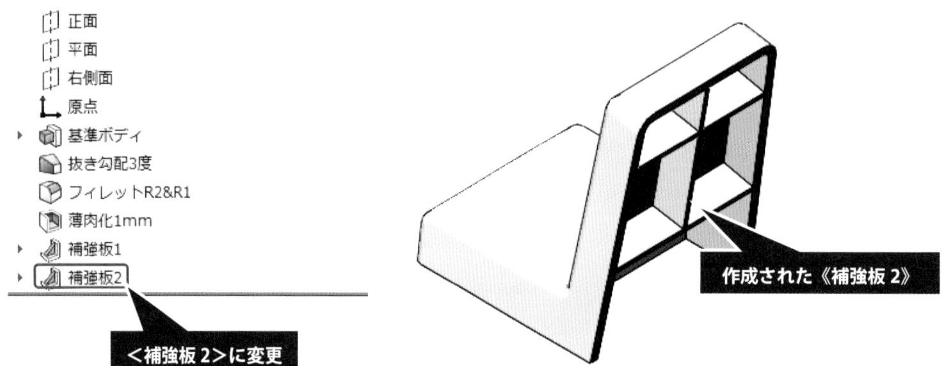

POINT リブの厚み方向

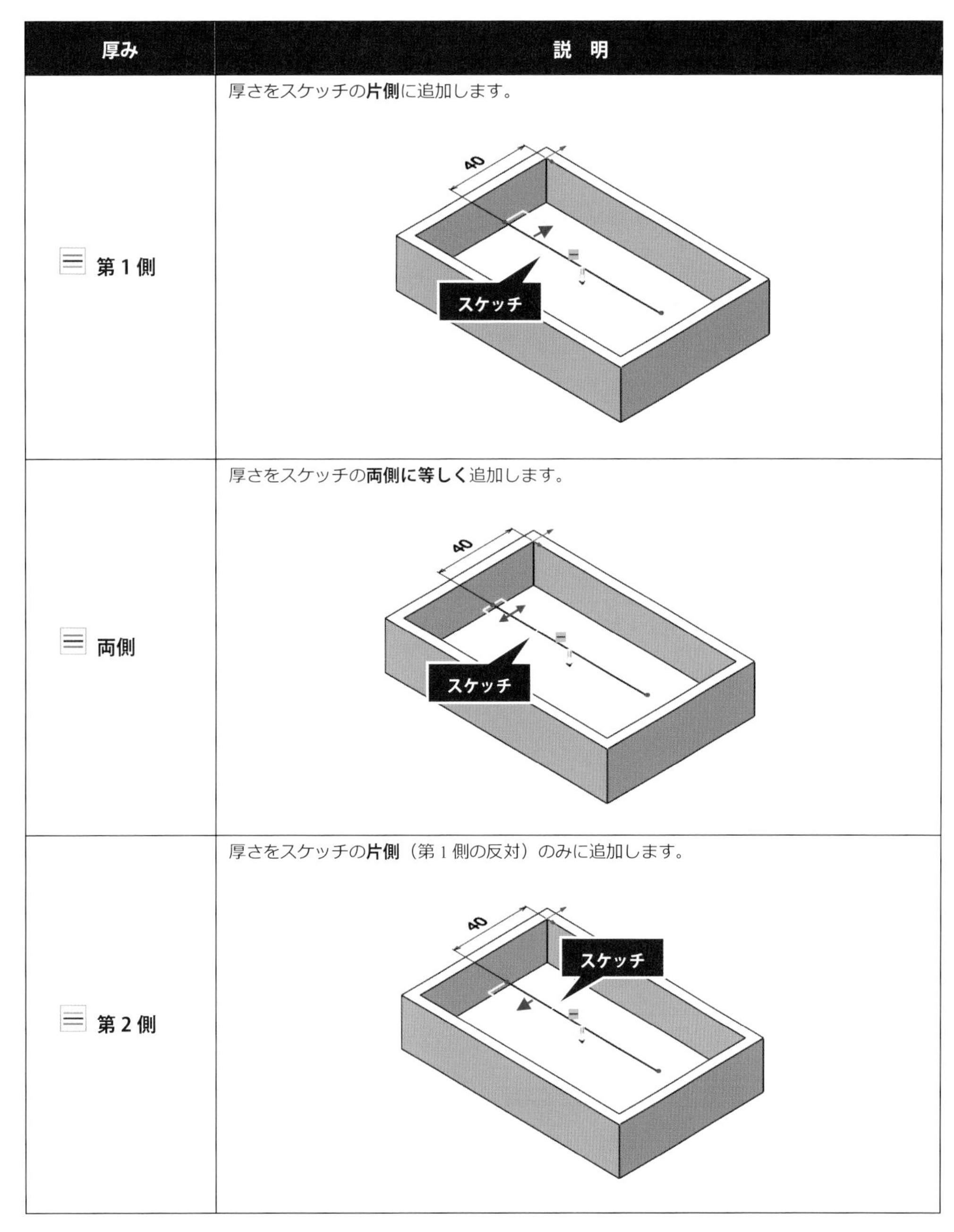

リブの**厚みを付ける方向**をアイコン をクリックして選択します。

厚み	説　明
第１側	厚さをスケッチの**片側**に追加します。
両側	厚さをスケッチの**両側に等しく**追加します。
第２側	厚さをスケッチの**片側**（第１側の反対）のみに追加します。

POINT リブの押し出し方向

リブスケッチの**押し出す方向**は ［**スケッチに平行**］、［**スケッチに垂直**］ どちらかを選択します。
「**部材方向反転**」のチェック ON（☑）／OFF（□）で押し出す方向を**反転**できます。

押し出し方向	説　明
［**スケッチに平行**］	リブの押し出しを**スケッチに平行**に作成します。
［**スケッチに垂直**］	リブの押し出しを**スケッチに垂直**に作成します。

POINT リブのタイプ

リブスケッチの**延長方法**を ◎ ラジオボタンを クリックして選択します。
このオプションは、 ［**スケッチに垂直**］を選択したときに設定できます。

リブのタイプ	説　明
直 線	境界に達するまで**直線を延長**します。
自 然	輪郭が円弧の場合、境界に達するまで**円弧を延長**します。

11.1.7　対称形のスケッチ輪郭（エンティティのミラー）

スケッチ輪郭が**対称形**の場合、次の方法で作成できます。

- ［**エンティティのミラー**］を使用
- ［**ダイナミックミラー**］を使用
- ［**対称**］の幾何拘束を使用

1. 下図に示す **面**（モデルの底面）を クリックし、**コンテキストツールバー**より ［**スケッチ**］を クリック。

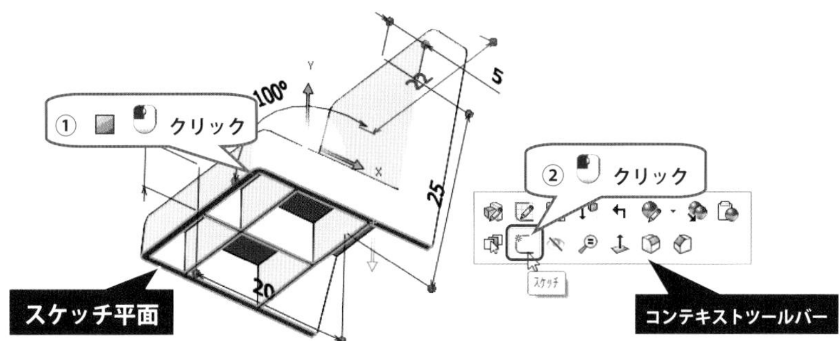

2. ［**アイテムに鉛直**］（CTRL ＋ 8ゆ）にて選択した **面**を正面に向けます。

3. ［**直線**］と ［**中心線**］を使用して下図の**閉じた輪郭**と**鉛直**な**中心線**を作成します。

   ［**直線**］を実行中に Aち を押すと、**正接円弧**に切り替わります。（再度 Aち を押すと**直線**に戻ります。）

   原点に**一致**した**鉛直**な**中心線**は、**ミラー**の**対称軸**に指定します。

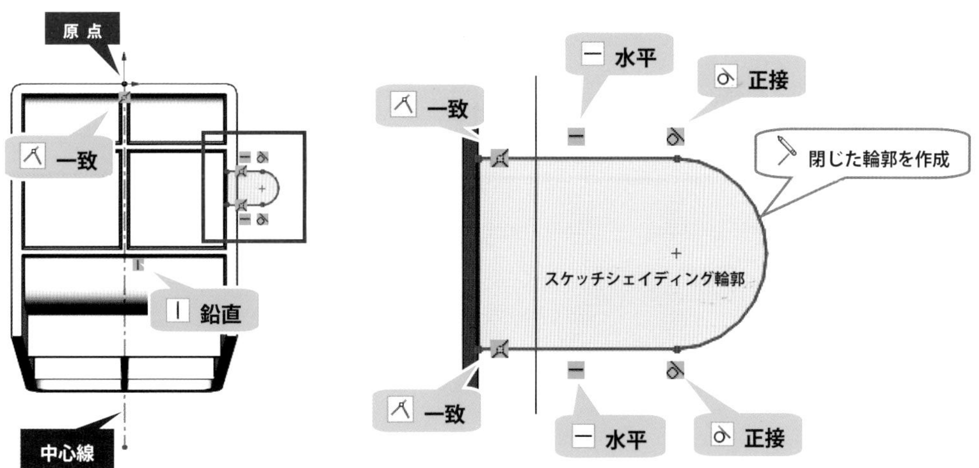

4. [スマート寸法] にて下図の **寸法**を記入してスケッチを**完全定義**させます。

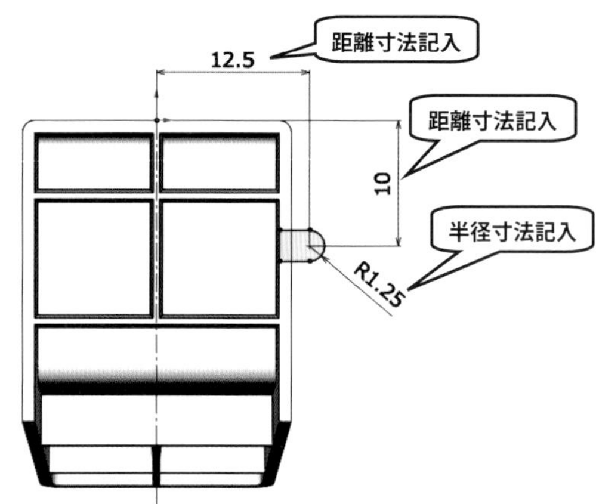

5. [**エンティティのミラー**] は、エンティティを選択した**対称軸**の**反対側**へ**移動**または**コピー**します。

Command Manager【**スケッチ**】タブより [**エンティティのミラー**] を クリック。

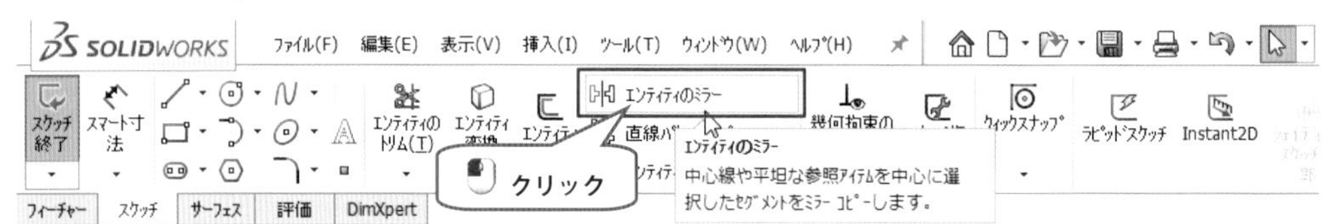

6. Property Manager に「 **ミラー**」が表示されます。

「**オプション**」の 「**ミラーするエンティティ**」の**選択ボックス**が**アクティブ**になっています。

コピーするエンティティを**ボックス選択**します。

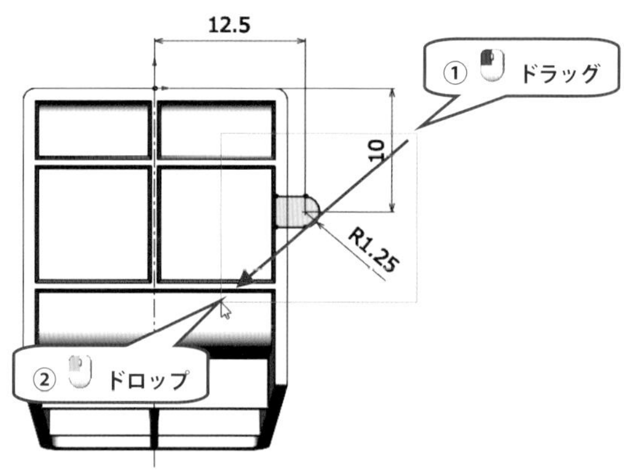

7. 「**コピー**」はチェックON（☑）にします。（※チェックOFF（☐）は**ミラー移動**です。）

「**ミラー基準**」の**選択ボックス**を**アクティブ**にし、**原点**に作成した **中心線**を クリック。

プレビューを確認して ［**OK**］ボタンを クリック。

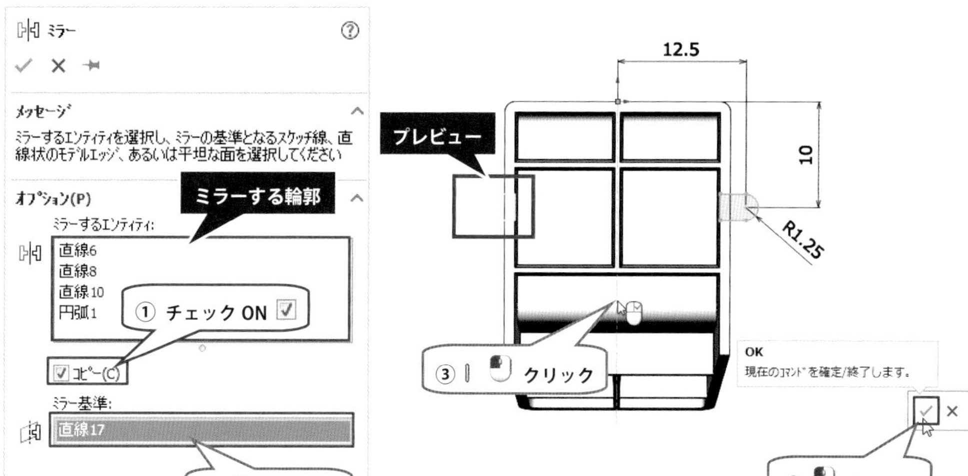

8. ［**表示方向**］から ［**等角投影**］を クリック。ショートカットは CTRL ＋ 7。

9. Command Manager【**フィーチャー**】タブの ［**押し出しボス／ベース**］を クリック。

10. 「**深さ／厚み**」に＜1 ENTER＞と 入力し、 ［**反対方向**］を クリックして**上方向**に**反転**。

プレビューを確認して ［**OK**］ボタンを クリック。

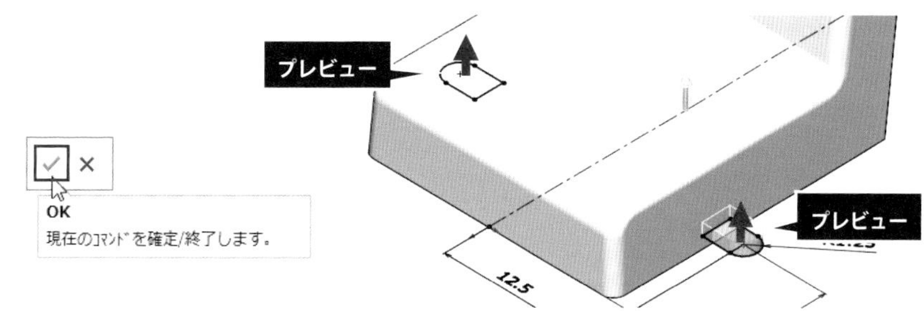

11. フィーチャーの名前を＜**タブ**＞に**変更**します。

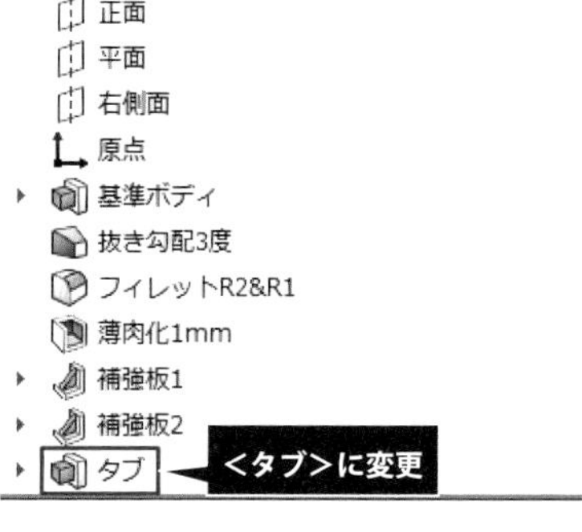

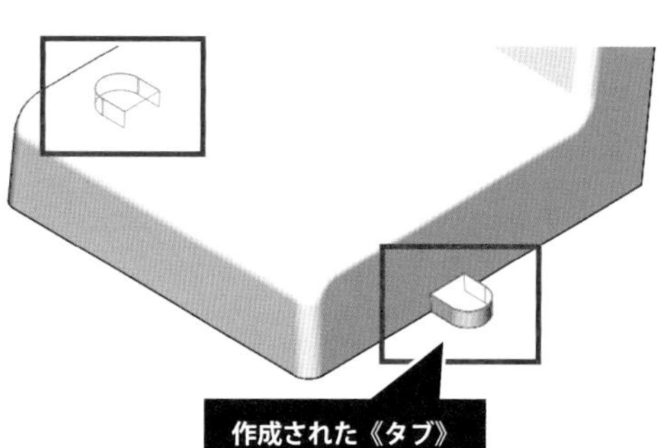

12. 下図に示す■面（タブの上面）を クリックし、**コンテキストツールバー**より ［**スケッチ**］を クリック。

13. ［**円**］を使用して下図の位置に**直径**＜1 . 5＞の**円**を作成します。
円の **中心点**は、**タブ**の**円弧エッジ**の⊕**中心点**に ［**一致拘束**］を追加します。

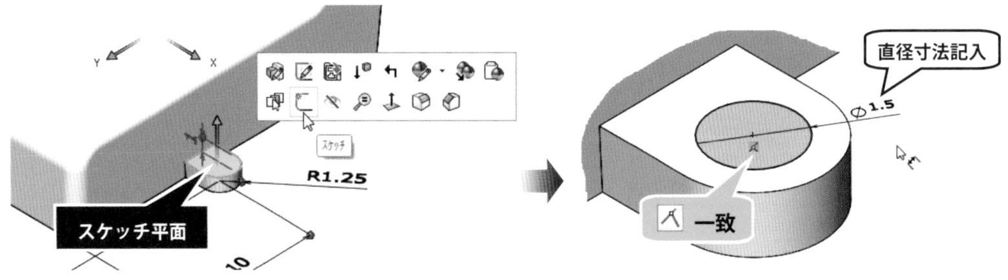

14. ［**アイテムに鉛直**］（CTRL ＋ 8ゆ）にて選択した■**面**を正面に向けます。

15. ［**中心線**］を使用して **原点**に**鉛直**な**中心線**を作成し、 ［**円**］を使用して**中心線の左側**に**拘束されていない**○**円**を作成します。

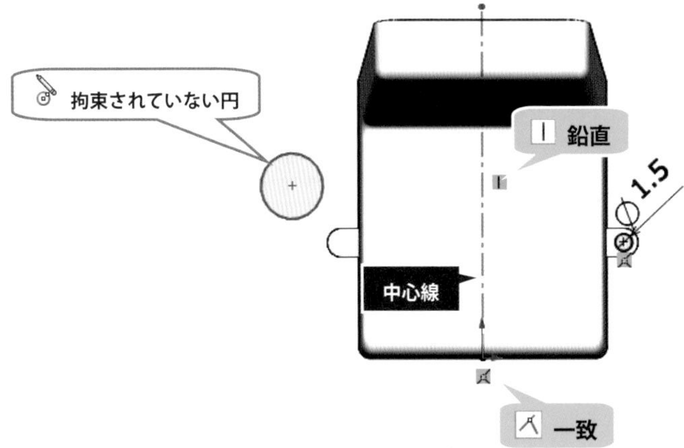

16. 2つの○**円**と**中心線**を クリックし、**コンテキストツールバー**より ［**対称拘束**］を クリック。
円の**位置は対称**で**大きさは同じ**です。

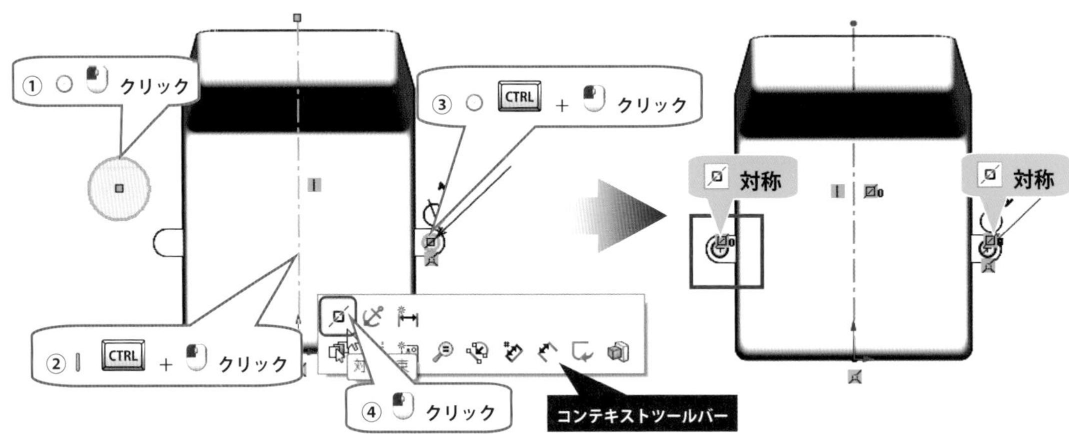

17. [表示方向] から [等角投影] を クリック。ショートカットは CTRL + 7。

18. Command Manager **【フィーチャー】**タブの [**押し出しボス／ベース**] を クリック。

19. 「**深さ／厚み**」に<6 ENTER>と入力し、 [**反対方向**] を クリックして**下方向**に**反転**。

プレビューを確認して [**OK**] ボタンを クリック。

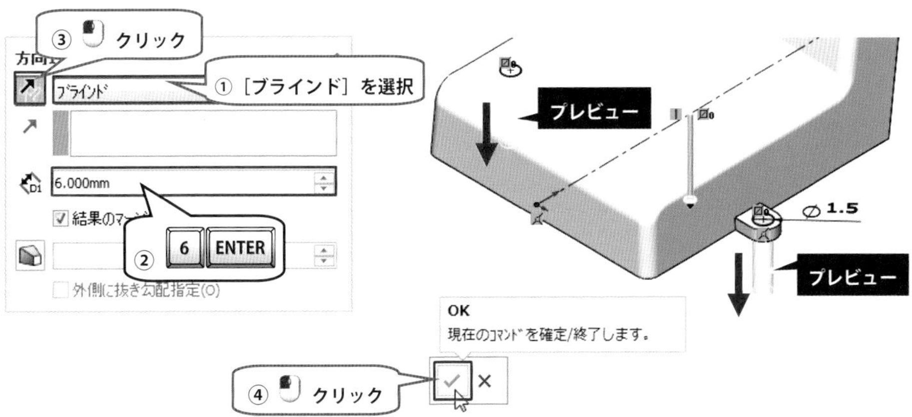

20. フィーチャーの名前を<**ピン**>に**変更**します。

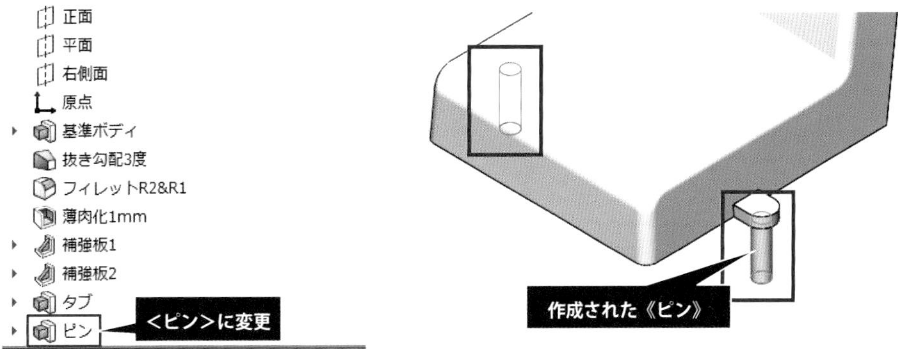

21. Feature Manager デザインツリーから《**材料<指定なし>**》を 右クリックし、

メニューより [**材料編集（A）**] を クリック。

22. 『**材料**』ダイアログが表示されるので [**solidworks materials**] ＞ [**プラスチック**] を**展開**し、

[**ABS**] を クリック。適用(A)、閉じる(C) を クリック。

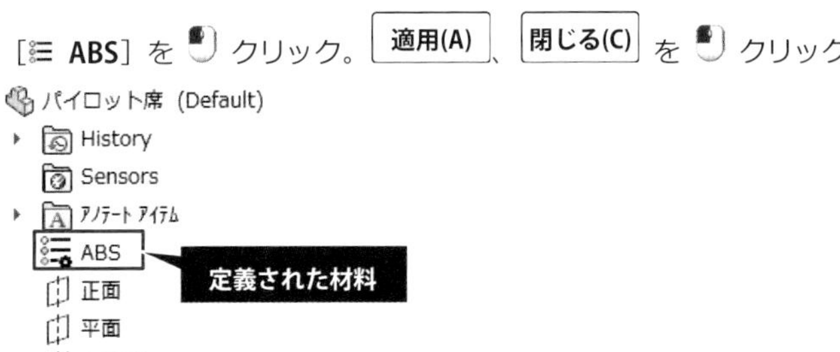

23. 任意の［**外観**］を設定し、［**保存**］にて上書き保存をします。
これで｛**パイロット席**｝部品の完成です。
ウィンドウ右上の を クリックして閉じます。

（※完成モデルはダウンロードフォルダー｛**Chapter11**｝に保存されています。）

ダイナミックミラー

［**ダイナミックミラー**］は、**スケッチと並行**して**リアルタイム**で**ミラー**を実行します。

1. **対称軸**となる**直線**を ［**中心線**］を使用して作成し、これを**選択状態**にします。
2. メニューバーより［**ツール**］>［**スケッチツール**］> ［**ダイナミックミラー**］を クリック。
中心線の**上下両端**に**対称図示マーク**（2 本線）が表示されます。

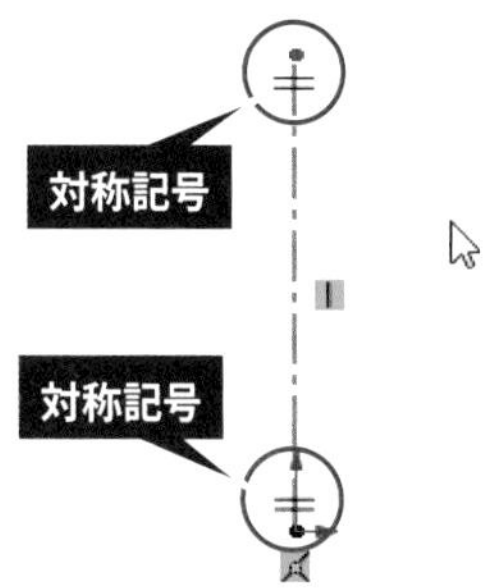

3. **中心線**の**片側**に**作図**を開始すると、**反対側**に**対称なエンティティ**が**自動的**に作成されます。
［**対称**］ の拘束が自動的に追加されます。

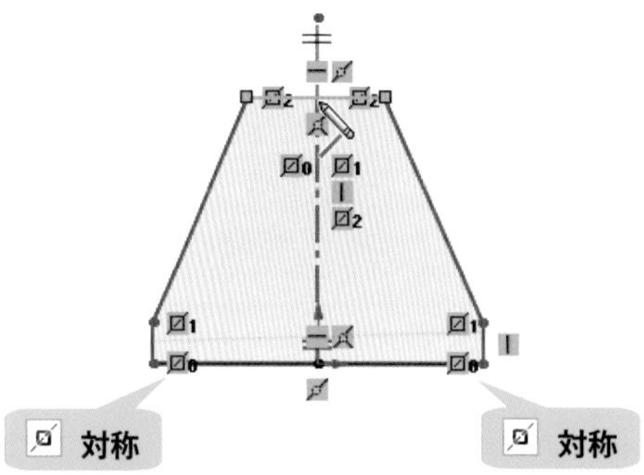

中心線を越えて直線を作成すると自分自身で交差するので注意してください。

11.2 フロントドアを作成する

ヘリコプターの構成部品｛**フロントドア**｝を新規部品として作成します。

11.2.1　準備

新規部品ドキュメントを作成し、名前を付けて保存します。

1. **標準ツールバー**の［**新規**］を クリック。

2. 『**新規 SOLIDWORKS ドキュメント**』ダイアログが表示されます。

ビギナー で［**部品**］を クリックし、 OK を クリック。

3. 画面右下の**ステータスバー**で**単位系**を［**MMGS**］に設定します。
現在の単位系を クリックし、表示されるリストから［**MMGS（mm、g、秒）**］を クリック。

4. **標準ツールバー**の［**保存**］を クリック。

5. 『**指定保存**』ダイアログが表示されます。
保存先フォルダーを｛**ヘリコプター**｝にし、「**ファイル名**」に＜**フロントドア**＞と入力。
保存(S) を クリック。

11.2.2　基礎ボディの作成（ガイドカーブ使用のロフト）

ガイドカーブを**使用**した［**ロフト**］にて**基礎ボディ**を作成します。

1. Feature Manager デザインツリーから《**正面**》を クリックし、**コンテキストツールバー**より［**スケッチ**］を クリック。

2. ［**矩形コーナー**］を使用して下図の**閉じた輪郭**を作成します。
［**中点**］、［**等しい値**］の拘束は**手動**にて追加します。

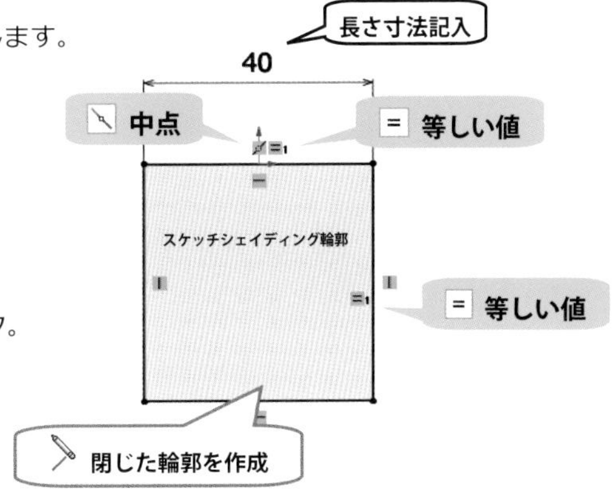

3. ［**スケッチ終了**］を クリックし、
スケッチの名前を＜**輪郭 1**＞に**変更**します。

4. ［**表示方向**］から［**等角投影**］を クリック。
ショートカットは CTRL ＋ 7 。

5. ロフトの２つめの輪郭スケッチを作成する**参照平面**を作成します。

Command Manager【**フィーチャー**】タブより［**参照ジオメトリ**］下の を クリックして**展開**し、［**平面**］を クリック。

6. 「**第１参照**」は《**平面**》を クリックし、「**オフセット距離**」に<**4** **0** **ENTER**>と 入力。

「**オフセット方向反転**」をチェックON（☑）にし、［**OK**］ボタンを クリック。

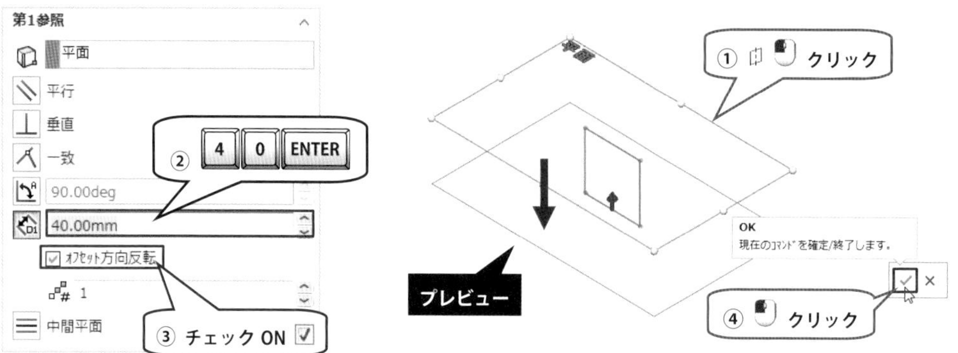

7. Feature Manager デザインツリーに《**平面 1**》が追加されます。

この **参照平面**は、《**平面**》に**平行**で **Z 軸マイナス側 40mm オフセットした位置**にあります。

8. Feature Manager デザインツリーから《**平面 1**》を クリックし、**コンテキストツールバー**より［**スケッチ**］を クリック。

9. ［**直線**］を使用して下図の**閉じた輪郭**を作成し、［**スマート寸法**］にて**寸法**を記入して**完全定義**させます。［**直線**］を実行中に を押すと、**正接円弧**に切り替わります。

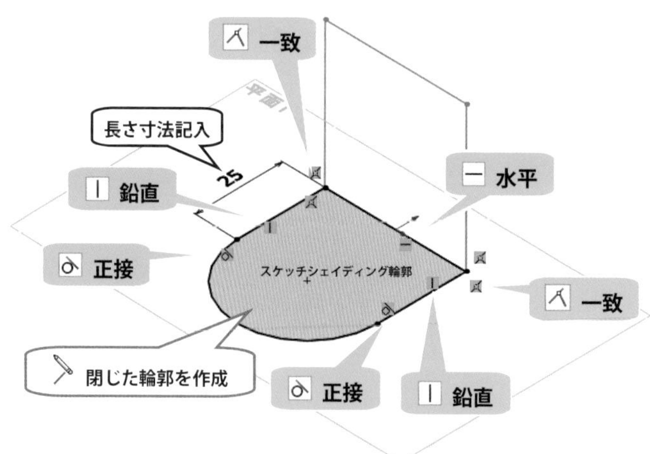

10. ［**スケッチ終了**］を クリックし、スケッチの名前を<**輪郭 2**>に**変更**します。

11. Feature Manager デザインツリーから《右側面》を クリックし、**コンテキストツールバー**より [**スケッチ**] を クリック。

12. Command Manager【**スケッチ**】タブ の [**スプライン**] を クリック。

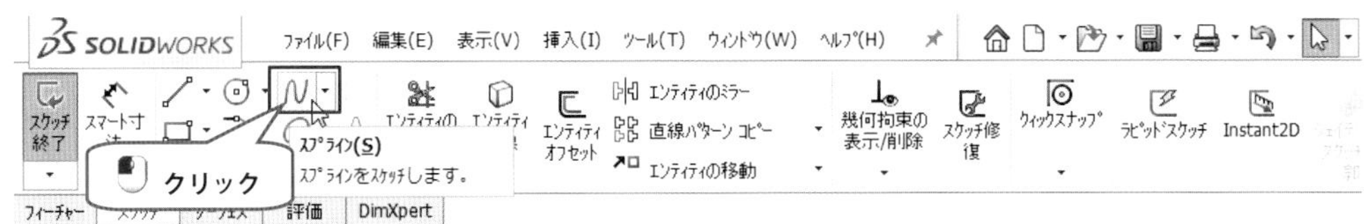

13. カーソルの形が に変わります。
スプラインは**通過点**を**順番**に クリックして指定。

右図の3つの**通過点**を クリック。

ESC を押して終了します。

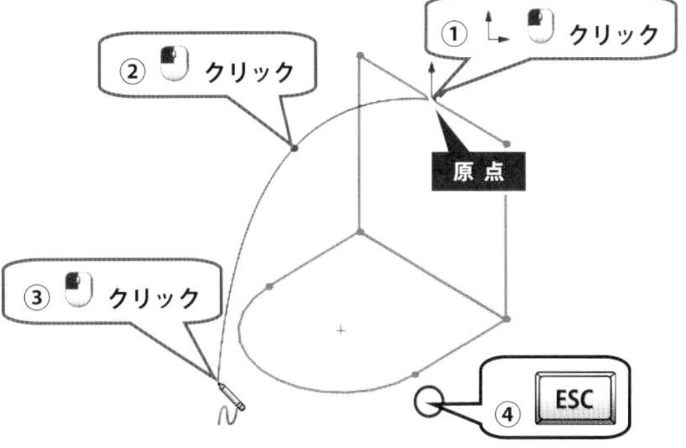

14. **スプライン**の**端点**をスケッチ《**輪郭 2**》の**円弧上**に拘束させます。
円弧は**外部のスケッチ**なので、[**一致**] ではなく [**貫通拘束**] を クリック。

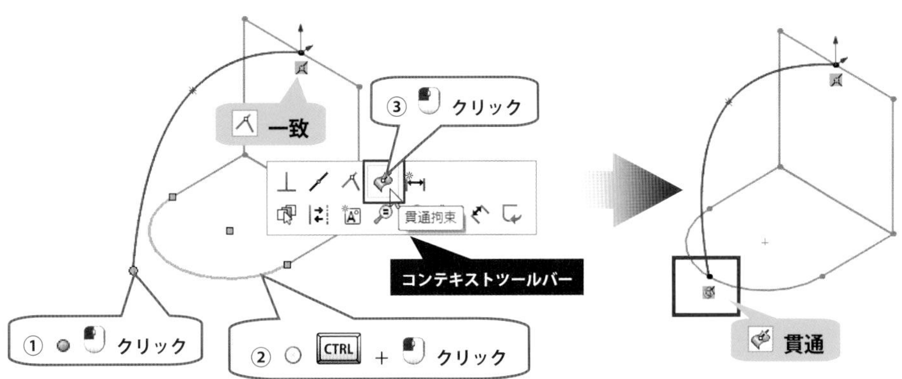

15. [**アイテムに鉛直**] (CTRL + 8) にて《**右側面**》を正面に向けます。

16. [**スマート寸法**] にて右図の**寸法**を記入してスケッチを**完全定義**させます。

17. [**スケッチ終了**] を クリックし、
スケッチの名前を <**ガイドカーブ**> に**変更**します。

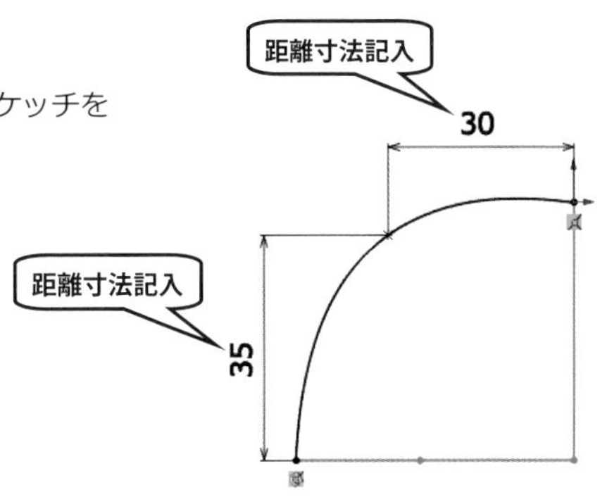

18. ［**表示方向**］から ［**等角投影**］を クリック。ショートカットは CTRL + 7。

19. Command Manager【**フィーチャー**】タブより ［**ロフト**］を クリック。

20. 「**輪郭**」はグラフィックス領域より《**輪郭 1**》と《**輪郭 2**》を クリック。

「**ガイドカーブ**」の選択は「**ガイドカーブ（G）**」を クリックしてメニューを展開し、グラフィックス領域より《**ガイドカーブ**》を クリック。プレビューを確認し、 ［**OK**］ボタンを クリック。

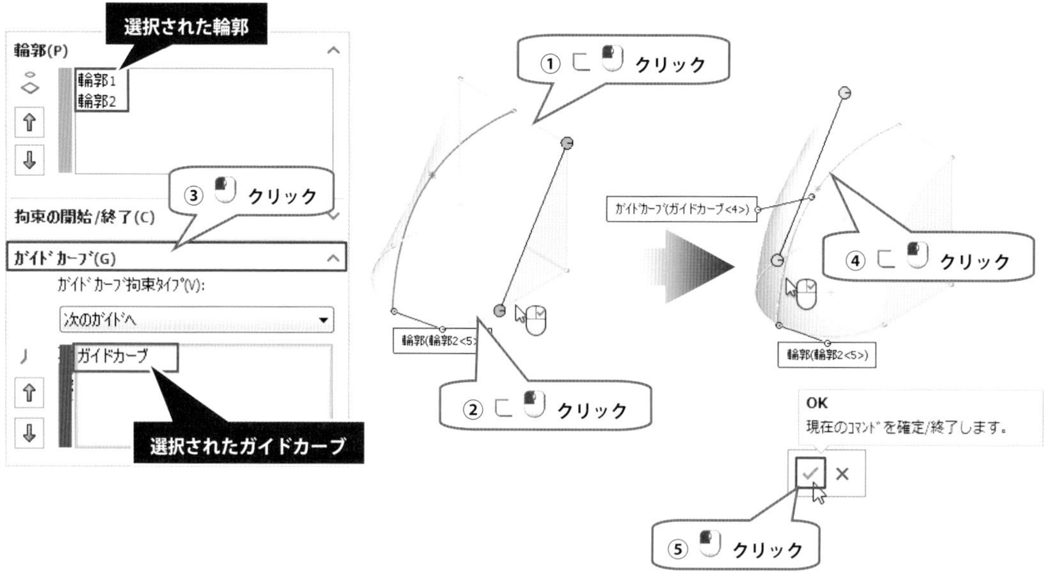

21. フィーチャーの名前を<**ロフトボディ**>に**変更**します。

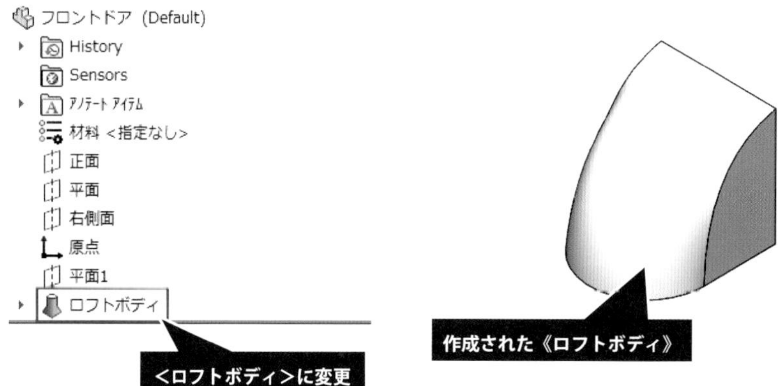

POINT スプラインハンドル

作成されたスプラインを クリックすると、**制御点**ごとに**スプラインハンドル**（灰色の矢印のようなもの）が表示されます。

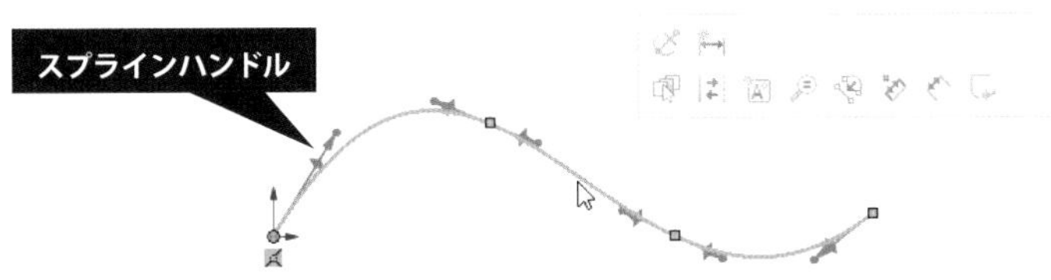

スプラインハンドル（先端の●丸、三角、菱形）を ドラッグすることにより**変形**（スプラインハンドルの角度と長さ）できます。先端の●**丸**は**角度と重さ**、**三角**は**重さ**、**菱形**は**角度**を変化させます。

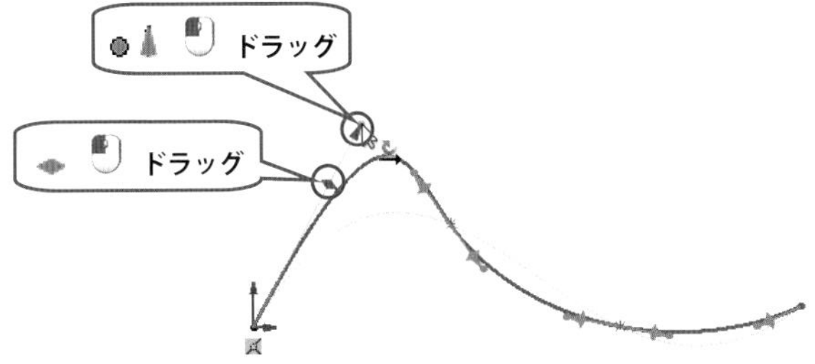

スプラインハンドルには**寸法**（下図は角度寸法と重み寸法）と**幾何拘束**を追加できます。

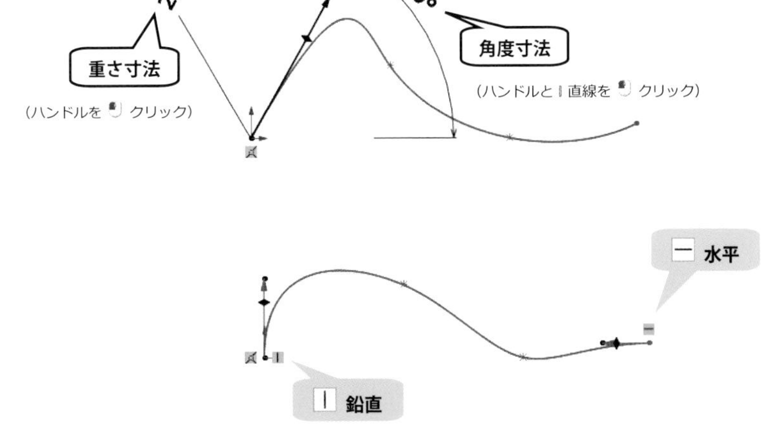

11.2.3 面フィレットの作成

［**面フィレット**］はエッジ上ではなく、選択した**面**と**面**の**間**にフィレットを作成します。

1. Command Manager【**フィーチャー**】タブの［**フィレット**］を クリック。

2. 「**フィレットタイプ**」より［**面フィレット**］を クリック。

   エッジを**共有**する２つの**面**を クリックし、「**半径**」に<5 ENTER>と入力。

   「**輪郭**」から［**曲率保持**］を選択し、［**OK**］ボタンを クリック。

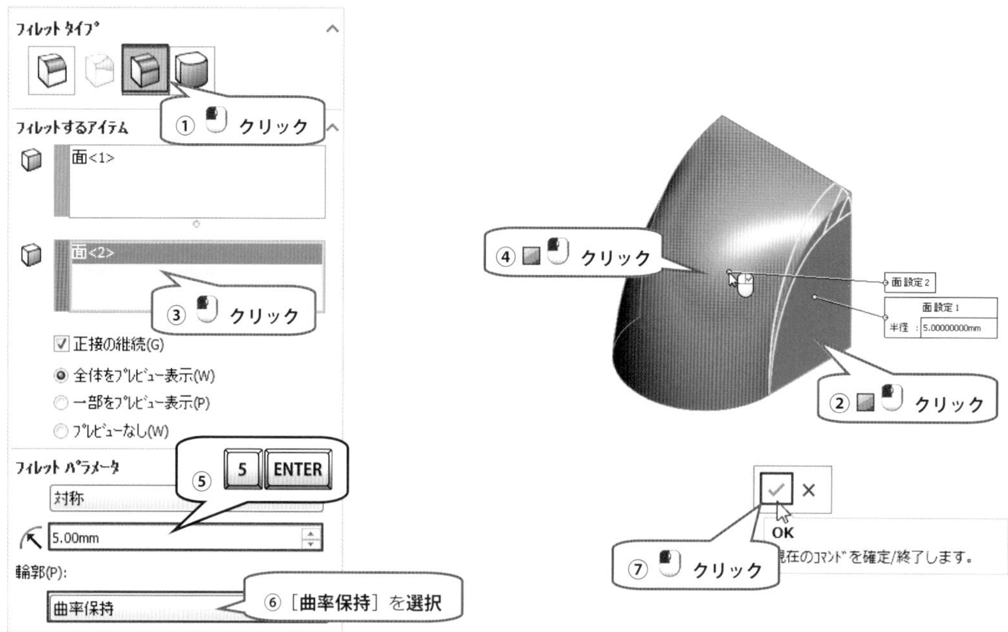

3. フィーチャーの名前を<**面フィレット R5-1**>に**変更**します。

4. **反対側**の**面**と**面**の**間**にも同様の方法で［**面フィレット**］を作成します。

5. フィーチャーの名前を<**面フィレット R5-2**>に**変更**します。

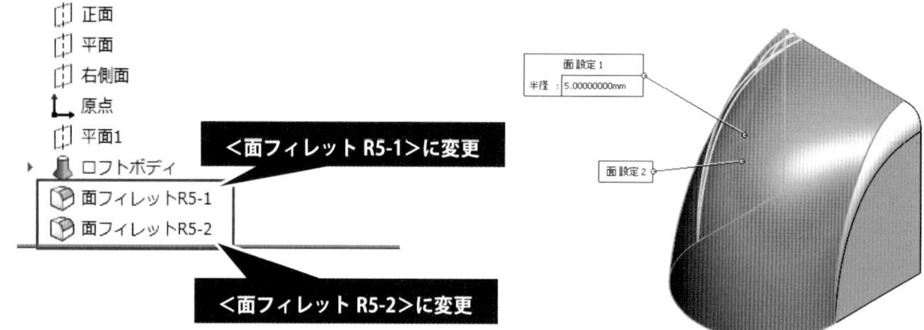

6. 右図の エッジを ［**固定サイズフィレット**］にて

「**半径**」<**10**>で丸めます。

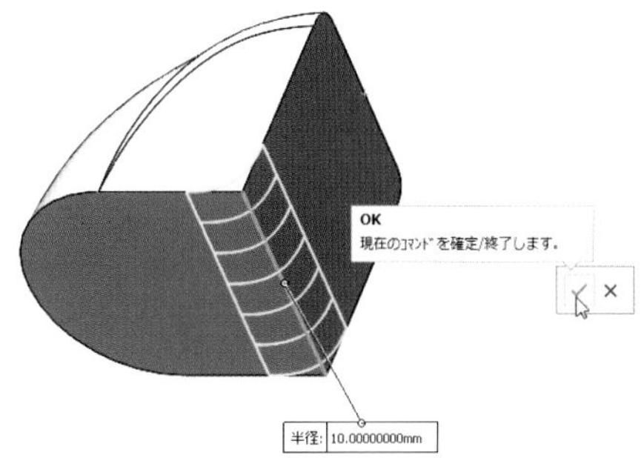

7. フィーチャーの名前を<**フィレット R10**>に**変更**します。

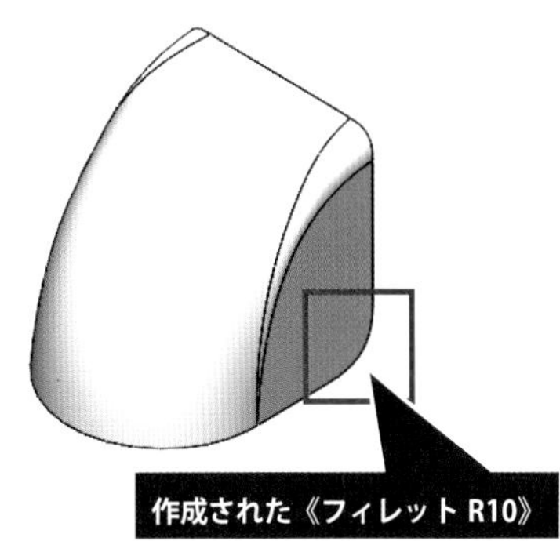

POINT 非対称フィレット

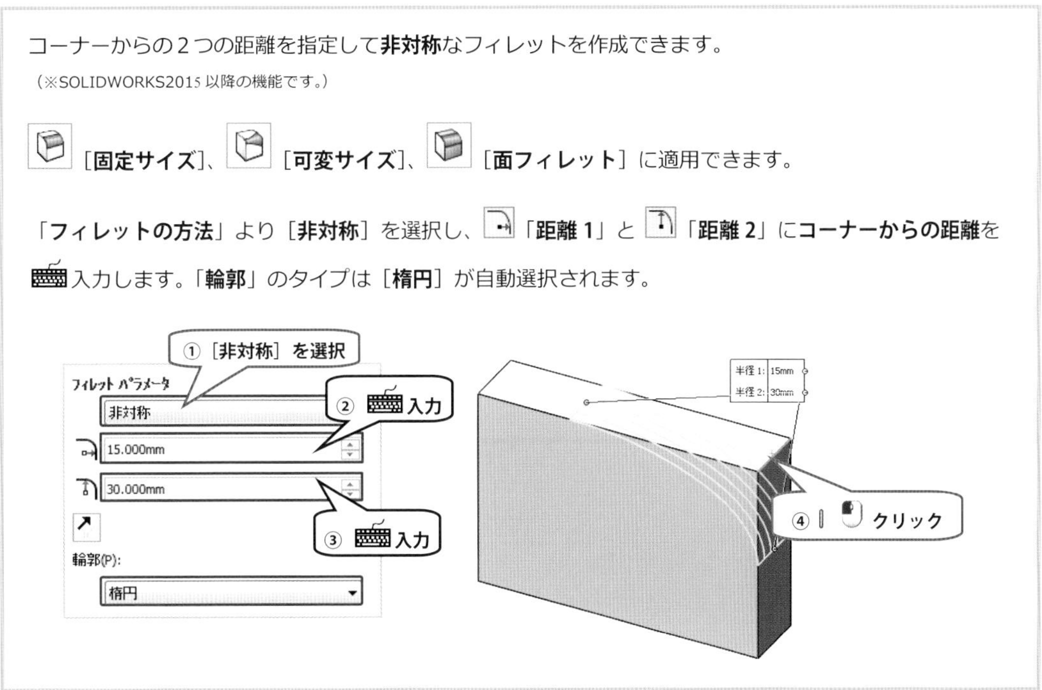

コーナーからの２つの距離を指定して**非対称**なフィレットを作成できます。
（※SOLIDWORKS2015 以降の機能です。）

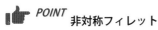

［**固定サイズ**］、［**可変サイズ**］、［**面フィレット**］に適用できます。

「**フィレットの方法**」より［**非対称**］を選択し、「**距離 1**」と「**距離 2**」に**コーナーからの距離**を入力します。「**輪郭**」のタイプは［**楕円**］が自動選択されます。

POINT フィレットの輪郭タイプ

フィレットの「**輪郭タイプ**」には次のものがあります。

タイプ	説　明	
円 形	標準のタイプです。半径値を入力します。	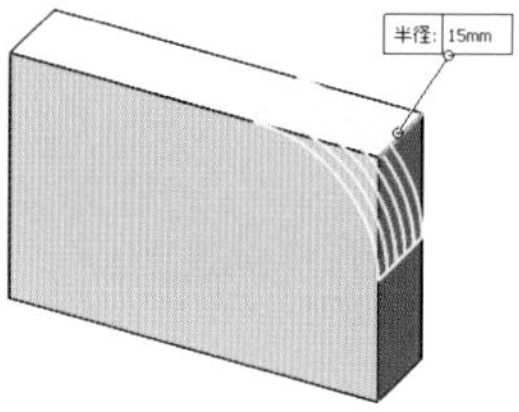
楕円形	「**フィレット方法**」で［**非対称**］を選択すると使用でき、楕円形のフィレット面を作成します。 「**距離 1**」と「**距離 2**」にコーナーからの距離を入力します。	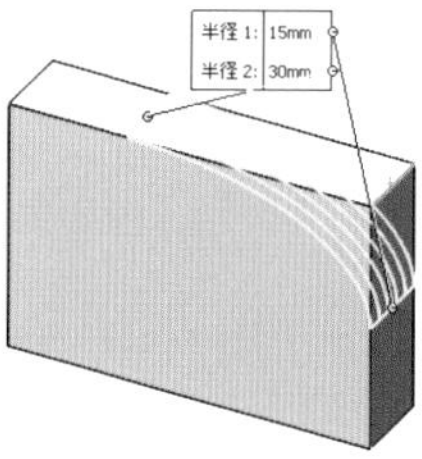
円錐 Rho	カーブの太さを定義する比率を設定します。 <**0**>から<**1**>までの値を入力します。	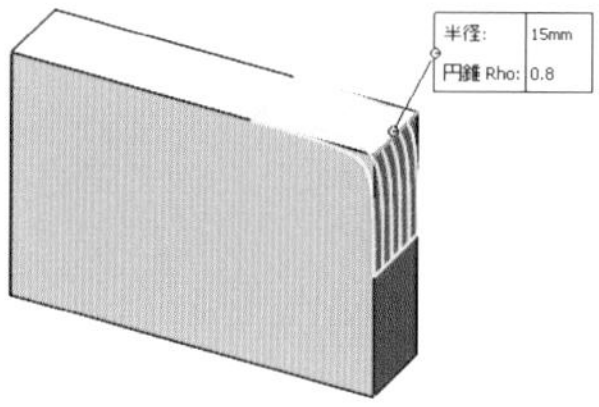
円錐半径	カーブの沿ったショルダ点での曲率半径を入力します。	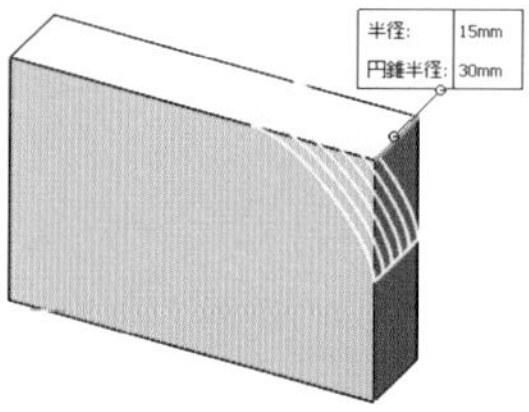
曲率保持	隣接するサーフェスからスムーズな曲率のフィレット面を作成します。半径値を入力します。 円形タイプよりスムーズな曲面を作成します。	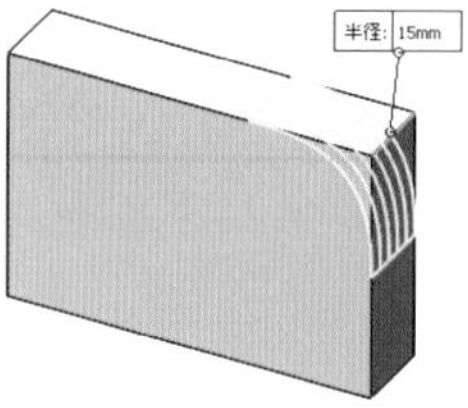

弦の幅

このオプションは、[**面フィレット**] を作成する場合のみ使用できます。
著しい鋭角、あるいは**変化する角の2面間**でフィレットを作成する場合このオプションを使用します。
半径はフィレットの**弦の長さ**を**固定**することによって自動的に決定されます。

[**面フィレット**] で**面**を選択後、「**フィレットパラメータ**」の「**フィレットの方法**」より [**弦の幅**] を選択します。「**弦の幅**」に**弦の長さ**を入力します。

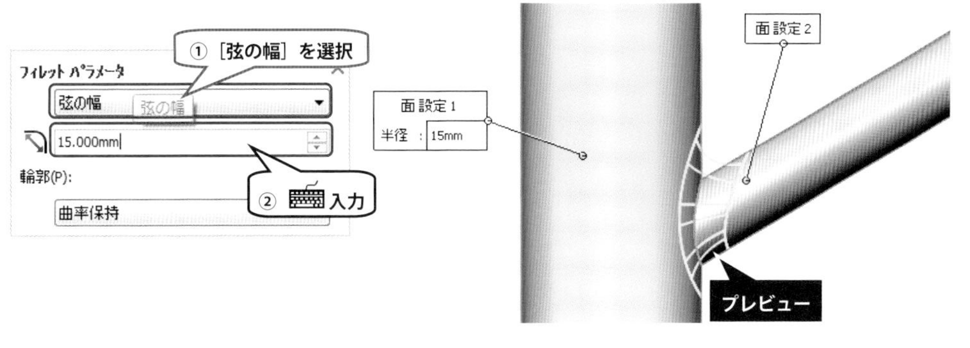

POINT

保持線

このオプションは、[**面フィレット**] を作成する場合のみ使用できます。
保持線を使用すると半径を入力する必要はありません。(※半径フィールドは表示されなくなります。)
可変半径フィレットの端点が保持線上にぴったり合うような形で作成されます。

[**面フィレット**] で**面**を選択後、「**フィレットパラメータ**」の「**フィレットの方法**」より [**保持線**] を選択します。「**保持線エッジ**」の**選択ボックス**を**アクティブ**にし、グラフィックス領域より**エッジ**を クリックして選択します。

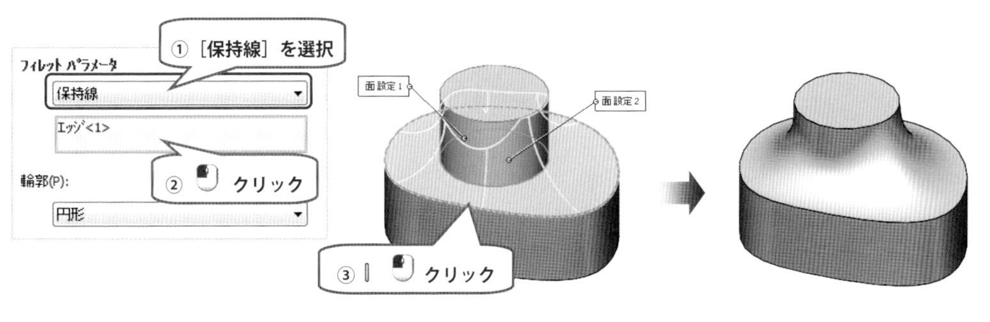

11.2.4 薄肉化

［**シェル**］を使用してソリッドボディを肉厚「**1mm**」で**くり貫き**ます。

1. Command Manager【**フィーチャー**】タブより［**シェル**］を クリック。
2. 「**削除する面**」として下図に示す**3つの** ■ **面**を クリックして選択します。
   「**厚み**」に<1 ENTER>と入力し、［**OK**］ボタンをクリック。

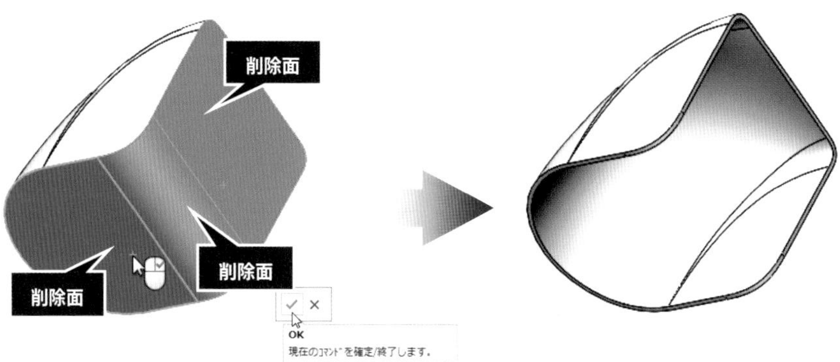

3. フィーチャーの名前を<**薄肉化 1mm**>に**変更**します。

正面
平面
右側面
原点
平面1
ロフトボディ
面フィレットR5-1
面フィレットR5-2
フィレットR10
薄肉化1mm

<<薄肉化 1mm>に変更

11.2.5　接続部の作成

{フロントドア} を取り付けるためのピンと干渉を避けるためにボディの一部をカットします。

逃げ部カット

1. 《右側面》に [**円**] を使用して **原点**に**直径** <6> の○**円**を作成します。

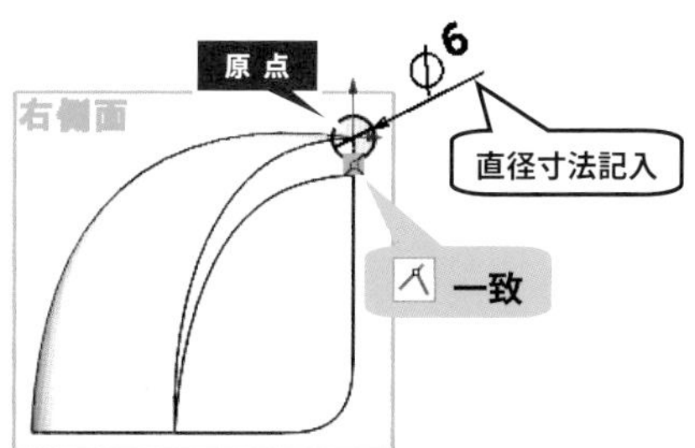

2. Command Manager【**フィーチャー**】タブの [**押し出しカット**] を クリック。

3. 「**次から**」より [**オフセット**] を選択し、「**オフセット値**」に <6 . 5 ENTER> と 入力。
   「**次から**」の [**反対方向**] を クリックして**オフセット方向**を**反転**。
   「**深さ／厚み**」に <6 ENTER> と 入力し、プレビューを確認して [**OK**] ボタンを クリック。

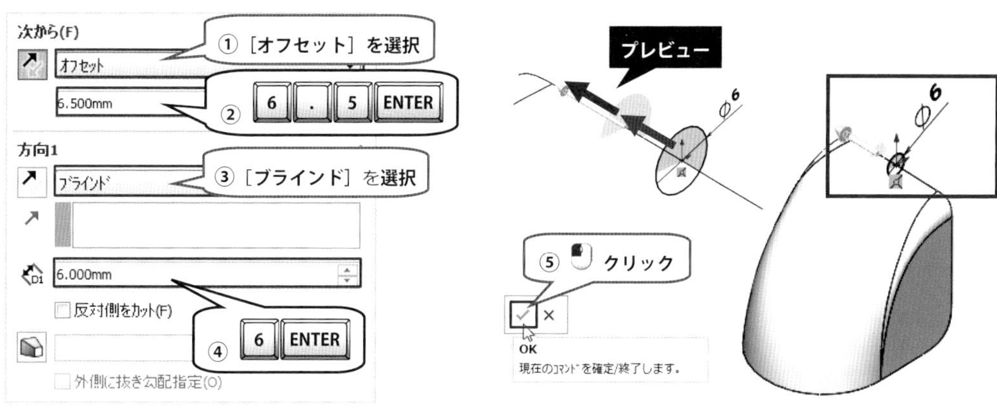

4. フィーチャーの名前を <**逃げカット**> に**変更**します。

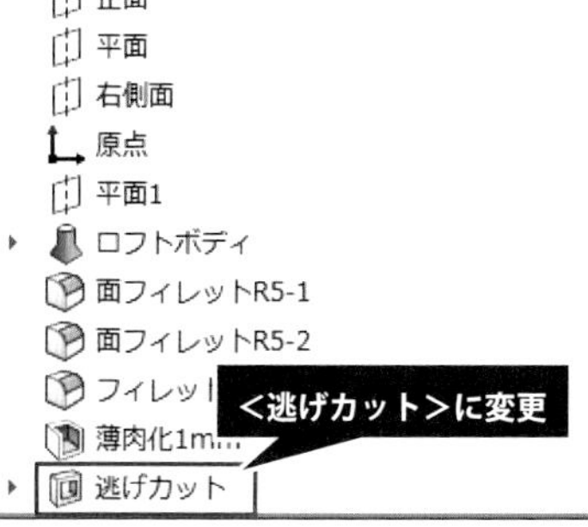

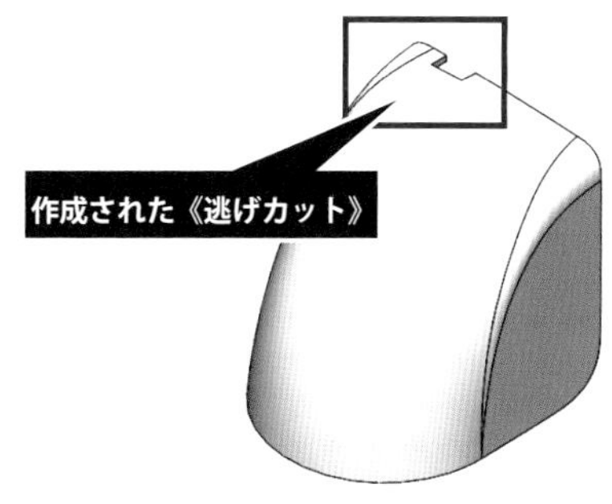

5. 《逃げカット》を《右側面》をミラー面として反対側にコピーします。

Command Manager【フィーチャー】タブの [ミラー] を クリック。

6. 「ミラー面／平面」は、フライアウトツリーを▼展開して《右側面》を クリック。

「ミラーコピーするフィーチャー」は、フライアウトツリーまたはグラフィックス領域より

《逃げカット》を クリック。プレビューを確認し、 [OK] ボタンを クリック。

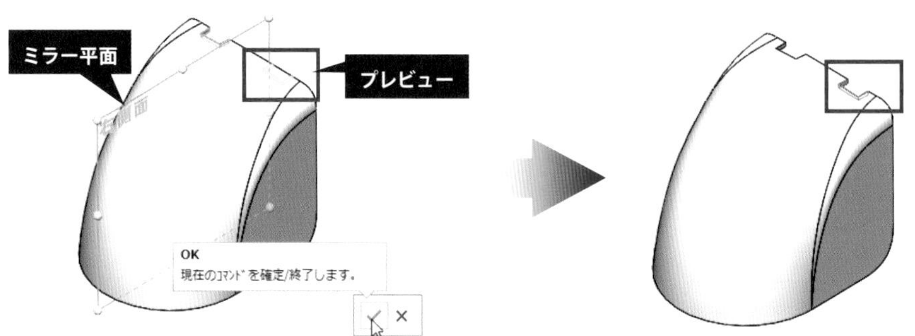

7. 《逃げカット》が《右側面》の反対側にコピーされます。

フィーチャーの名前を＜逃げカットミラー＞に変更します。

ピンの作成

8. 《右側面》に [円] を使用して原点に直径＜3＞の○円を作成します。

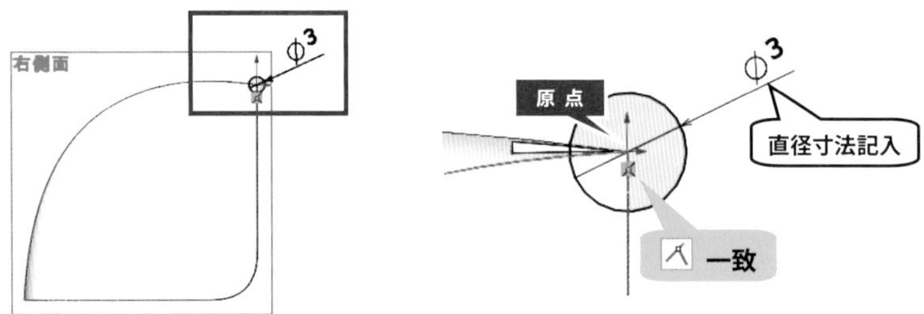

9. Command Manager【フィーチャー】タブの [押し出しボス／ベース] を クリック。

10. 「押し出し状態」より [中間平面] を選択し、「深さ／厚み」に＜2 0 ENTER＞と入力。

プレビューを確認し、 [OK] ボタンを クリック。

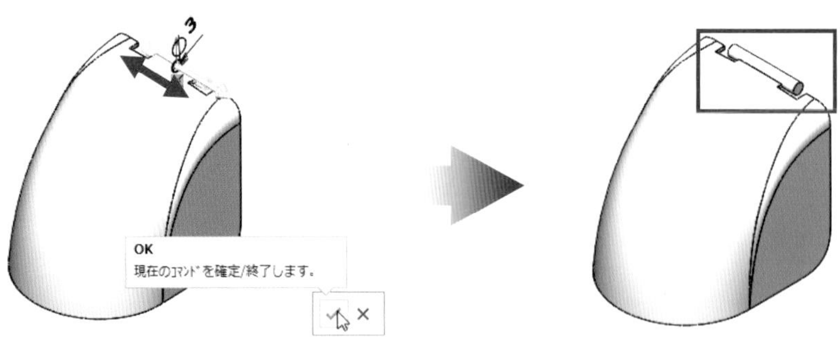

11. フィーチャーの名前を＜ピン D3＞に変更します。

12. Feature Manager デザインツリーから《材料<指定なし>》を 右クリックし、
メニューより [**材料編集（A）**] を クリック。

13. 『**材料**』ダイアログが表示されるので [**solidworks materials**] > [**プラスチック**] を**展開**し、
[**アクリル（中-上級の耐衝撃性）**] を クリック。 適用(A) 、 閉じる(C) を クリック。

14. ソリッドボディが**無色**の**透明度**です。
[**外観**] にて**任意の色**を**選択**すると、**透明度は保持したまま**で**色づけ**します。

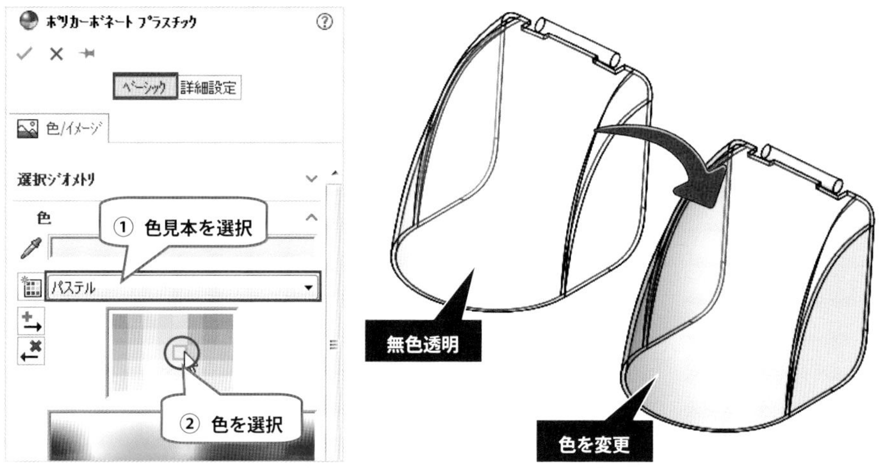

15. これで {**フロントドア**} 部品の完成です。
[**保存**] で上書き保存をし、ウィンドウ右上の × を クリックして閉じます。
（※完成モデルはダウンロードフォルダー {**Chapter11**} に保存されています。）

POINT イルミネーション

【**詳細設定**】タブの【**イルミネーション**】タブでは「**拡散度**」「**反射**」「**鏡面光色**」「**反射の拡がり**」「**反射度**」「**不鮮明度**」「**透明度**」「**光度**」を設定できます。
スライダーバーを ドラッグまたは**値**を入力して**調整**します。

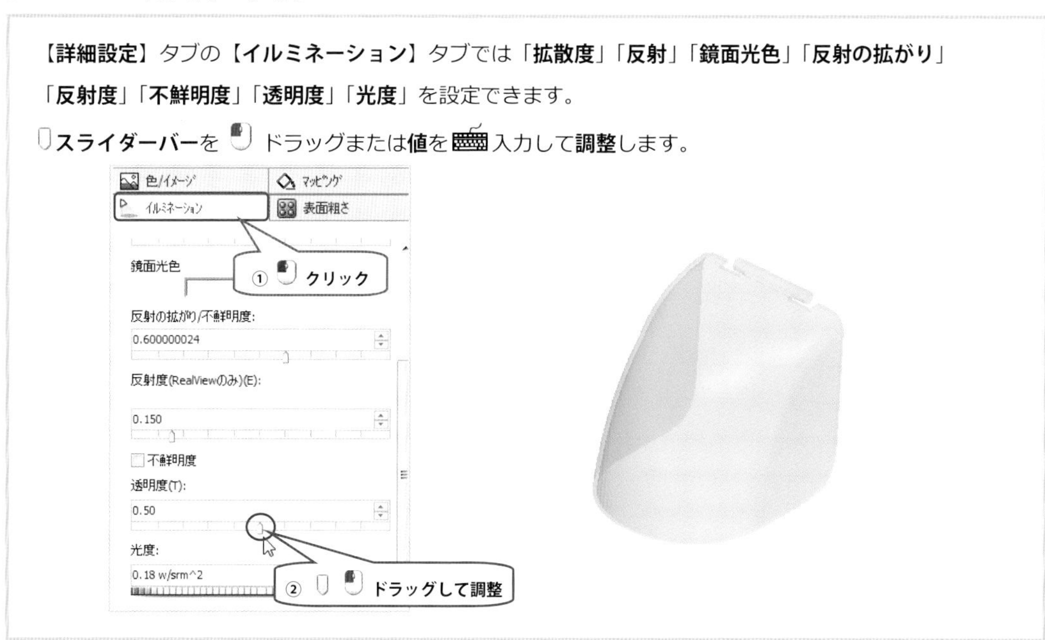

ゼロからはじめる ***SOLIDWORKS***

Series1 ソリッドモデリング STEP3

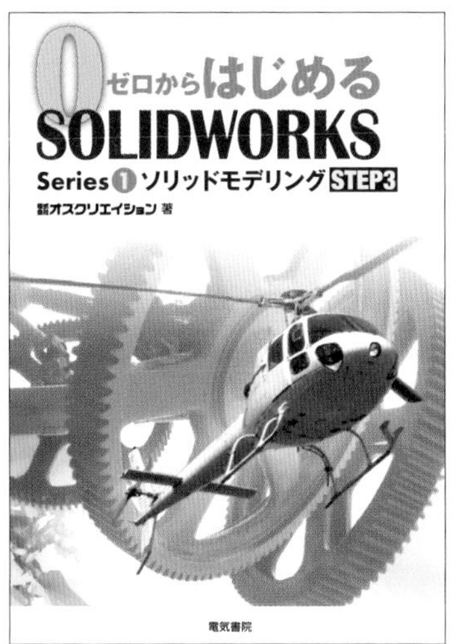

索　引

3

D

F

あ

い

う

え

お

か

き

く

け

こ

さ

し

す

せ

た

ち

と

ぬ

ね

は

ひ

ふ

へ

ほ

ま

み

め

り

れ

ろ

ゼロからはじめるSOLIDWORKS Series 1
ソリッドモデリングSTEP2

2020年 2月 5日　第1版第1刷発行

編　者　株式会社 オズクリエイション
発行者　田　中　久　喜

発　行　所
株式会社　電　気　書　院
ホームページ　www.denkishoin.co.jp
(振替口座　00190-5-18837)
〒101-0051　東京都千代田区神田神保町1-3ミヤタビル2F
電話(03)5259-9160／FAX(03)5259-9162

印刷　株式会社シナノパブリッシングプレス
Printed in Japan／ISBN978-4-485-30302-3